安心长大：
克服儿童焦虑的黄金方法

[英] 凯茜·克雷斯韦尔 [英] 露西·威利茨 著

郑世彦 译

北方联合出版传媒(集团)股份有限公司
万卷出版有限责任公司

果麦文化　出品

目　录

第三部分
特殊需求

前　言

　　恐惧、担忧乃至焦虑是每个人时不时都会遇到的经历，但在某些情况下，它们会持续存在并干扰我们的生活。对孩子来说，这可能会给他们的家庭、学校或友谊带来问题。许多孩子都有焦虑的情况，然而，父母和照顾者往往很难知道怎样做才是最好的。你的直觉可能告诉你这样做，互联网上又有别的说法，身边的人还可能给出完全不同的建议，例如："不用管""让他面对恐惧""别向恐惧屈服""不要让他心烦"。父母可能会感到困惑，产生自我怀疑。但请不必担心，在帮助孩子克服焦虑问题方面，父母可以做得很好。

　　在这本书中，我们的目标是基于最新的相关研究以及与数百个家庭合作的临床经验，给出一种简单明了、循序渐进的方法，帮助父母处理孩子的焦虑。我们遵循的方法基于认知行为疗法（CBT）的原则，且已经经过了研究检验，被证明是克服儿童焦虑问题的"黄金方法"（或最推荐的方法）。

　　许多父母对孩子的焦虑问题都感到非常内疚。在临床工作中，经常有父母问我们，是不是他们以某种方式造成了孩子的焦虑问题，或使问题变得更糟了。对此，我们想事先说明，焦虑问题很少是由单一事件引起的，有许多不同的因素会导致孩子产生焦虑，这一点我们将在本书第一部分进行讨论。值得注意的是，在帮助孩子克服困难时，父母其实处于非常有利的地位。

我们是谁？

我们都是临床心理学家，工作对象是儿童及其家庭。我们从2004年开始合作，当时，我们在雷丁大学开设了一个儿童焦虑专科门诊，将大学人员的研究专长与国民医疗保健体系医生的临床知识相结合。凯茜如今仍在雷丁大学工作，是发展临床心理学教授，管理雷丁大学儿童和青少年焦虑与抑郁研究机构和门诊。露西现在就职于一家私人诊所，也为一系列专业人员提供儿童焦虑治疗的培训和督导。在临床工作中，我们经常通过父母来帮助孩子。通过帮助父母培养他们自己和孩子的技能与信心，可以给孩子带来很好的结果。

本书为谁而写？

本书的读者对象是有焦虑问题的孩子的父母或照顾者。如果孩子的照顾者不止一个人，而每个人都能阅读本书并一起帮助孩子，那当然是最好的。做到这一点并不容易，如果这不可能实现，也不会妨碍成功，所以请不要放弃。

这本书为5—12岁儿童的父母而写，最后也特别增加了额外的章节，以供年纪更小（5岁或更小）或更大（12岁或更大）的父母阅读。我们的方法可用于有一系列焦虑问题的孩子——这些问题可能包括害怕社交场合，害怕与照顾者分离，害怕特定事物

（如狗或蜘蛛），或者更普遍的对发生坏事的担忧。

有两种类似的情况需要加以注意：一种是儿童在经历创伤事件后出现焦虑和其他症状（这可能反映出创伤后压力），另一种是儿童经历一些不想要的和侵入性的想法，驱使他们反复做特定的事情（这可能是强迫障碍的表现）。虽然本书中的一些原则可能对这些情况有用，但书中方法并非为解决这类困难而开发，也没有经过研究检验。所以，如果你担心孩子正在经历这些问题，我们鼓励你联系全科医生，以获得更有针对性的帮助。我们还经常被问到书中的方法对患有自闭症谱系障碍的儿童是否有用。同样，虽然有些原则可能是有用的，但我们没有在自闭症儿童身上检验效果，所以如果有需要，我们同样鼓励你寻求额外的帮助。

本书有哪些内容？

本书分为三个部分。在第一部分中，我们将向你介绍何为焦虑，包括焦虑的典型表现，它是如何发展的，以及我们在本书中所采取的方法背后的理由。在第二部分中，我们将通过循序渐进的方法来支持你帮助孩子克服焦虑。在第三部分中，我们讨论了一些可能与部分（但不是所有）读者有关的具体问题：如何对5岁或更小的儿童使用本书，如何对12岁或更大的儿童使用本书，睡眠问题，暴躁行为，上学困难。最后还有一份简短的指南，你可以将其复制，交给教师或其他学校员工使用，这有助于他们理解和支持你所采取的方法。

我们将指导你发现孩子可能已经陷入的模式或恶性循环，并分享打破这些循环或防止其发生的技巧和策略。在这个过程中，你会读到其他父母与焦虑的孩子共处的经验，以及他们是如何帮助孩子克服恐惧和担忧的。这些故事都是基于我们曾经合作过的真实家庭，为了保护个人隐私，我们对所涉人员的名字和事件的细节做了更改。

通过分享信息、策略和其他人的经验，我们的目标是让你和孩子重新掌控自己的生活。

祝愿你们为实现这一目标所做的一切顺利无阻。

第一部分

—

认知篇

第一章

认识焦虑

你可能很想跳过这一部分，直接进入实战环节，但我们强烈建议你在阅读第二部分之前，花些时间通读前五个简短的章节。原因主要有三。首先，第一章、第二章和第三章描述了儿童的焦虑问题。通过阅读这几章，你可以确定这本书是否适合自己，它关注的是不是你想与孩子共同解决的问题。

其次，第四章和第五章解释了孩子的焦虑是如何形成的，以及是什么让这些问题持续存在。这两章所提供的信息为你在第二部分实战中要做的许多工作提供了理论依据，当你清楚地了解为什么要这样做，便会更容易地把这些策略落实到位，并鼓励自己在困难的时候坚持下去。

最后，在这一部分，我们还介绍了四个孩子的情况：萨拉（10岁）、莱拉（11岁）、本（9岁）、穆罕默德（7岁）。这些孩子都经历过恐惧和担忧，你将听到他们遭遇的一些背景，然后在下一部分中看到他们的父母如何帮助他们克服这些困难。

当我们说恐惧、担忧和焦虑时，我们在说什么？

无论是孩子还是成年人，我们每个人都会时不时地经历恐惧、担忧和焦虑。恐惧、担忧和焦虑的共同点是，它们都包含了对将要发生的坏事的担忧，身体做出的特定反应，以及特定的行为方式。

焦虑的思维和预期

当人们变得焦虑时，通常会担心有不好的事将要发生。此时，人们的思维往往集中于潜在的威胁以及如何逃离，很难去想其他事情。当一个人处于危险之中时，这显然是一种有用的状态。例如，如果你的孩子即将踏入马路，你需要专注于让他避开迎面而来的车辆，而不是想些别的，比如在商店购买什么或晚餐吃什么。

身体上的变化

当我们经历恐惧、担忧和焦虑时，身体会以多种方式做出反应，包括呼吸加快、心跳加速、肌肉紧张和出汗等。所有这些身体信号都表明，我们已经做好行动的准备，能够迅速做出反应。例如，在上面的例子中，在孩子受到伤害之前迅速把他拉开。

焦虑的行为

我们对恐惧或担忧的反应方式，通常被归类为"战斗""逃跑"，或"寻求安全"：我们要么对抗威胁，要么尽快逃离（逃跑），或者做其他可以保证自身安全的事。

面临直接威胁时，这些当然是最有效的反应方式，对我们的生存至关重要。但是，当没有客观的危险时，这些想法、感觉和行为就会制造困难，妨碍日常生活。

如何知道孩子是否焦虑过度？

我们在应对焦虑时所经历的变化在短期内是有帮助的，但如果实际危险过去后，这些反应仍继续存在，或者危险其实从未出现过，就会出现问题。焦虑过度时，思维会被对灾难的恐惧支配：孩子可能总是担忧发生最坏的情况，并对自己应对挑战缺乏信心。身体上的变化也会让孩子感到非常不舒服，极度焦虑的孩子经常会抱怨肚子疼、头痛或肌肉酸痛。

最后，当焦虑持续存在时，孩子不仅会因为经常"紧张"而精疲力竭，试图维持安全的行为还会导致他们错过自己本来喜欢做的事情。如果恐惧和担忧妨碍了孩子享受生活，或者妨碍了他们做同龄人在做的事情，那么帮助他们克服这些困难就显得很重要了。

一定程度的恐惧和担忧是正常和健康的，因此本书的目的不是帮助你让孩子从不担心或从不害怕任何事情。相反，我们希望协助你帮助孩子控制他们的恐惧和担忧，这样它们就不会妨碍孩子最大限度地享受生活。有焦虑问题的孩子在接受适当的治疗时，通常都会得到很好的帮助。

本书提供了很多信息，但中心思想很简单：焦虑问题在孩子当中普遍存在，它们会干扰孩子的生活，但也是可以被克服的。

本章要点

※ 焦虑是一种每个人都会偶尔经历的正常情绪。

※ 担忧情绪、身体变化和特定行为是焦虑的信号。

※ 一定程度的焦虑是正常的，焦虑过度则可能会干扰孩子
的正常生活，本书的方法可以帮助克服这一问题。

第二章

怎样才能帮助孩子？

为了帮助孩子，过去你可能已经尝试过许多方法，也从很多人那里得到了不同的建议。你也许觉得自己已经尝试了所有能做的事，不知道还能做些什么。别担心，这些情况在家长当中非常普遍。但我们仍鼓励你坚持陪孩子一起克服焦虑，原因如下：

• 如果父母能够帮助孩子克服困难，孩子就不用预约学校或诊所的专业人员，也就不必错过很多原本可以参加的活动。

• 父母往往比治疗师更能将策略落实到位，并在孩子的日常生活中创造新的学习机会。

• 父母往往比孩子更有动力做出改变，因为孩子更关注短期的痛苦，而父母更关注长期的收益。

• 父母有时可以在整个家庭中落实这些策略，这可能会帮助到家庭中的其他孩子（有时甚至是成人）。

• 在接下来的几个月或几年里，父母更有可能记住那些对他们有帮助的东西，如果将来问题再次出现，他们就能很好地使用这些策略。

• 父母通常是那些不得不在日常生活中处理孩子困难的人，这可能会给他们带来巨大的压力。很多父母告诉我们，他们希望有一些策略来告诉自己要做什么。

综上，我们相信父母在帮助孩子克服焦虑方面处于有利和独特的地位。本书的目的就是帮助你熟练和自信地完成这项任务。

书中的方法有效吗？

近年来，有一些专门针对儿童焦虑症治疗方法的研究。父母在帮助孩子克服焦虑时会得到一些方法上的支持，治疗师则不用直接跟孩子见面。研究中，5—12岁孩子的父母通常会得到一本指导用书，在治疗师的支持下将书中的策略落实到位。通常，治疗师会帮助父母在繁忙的生活中专注地使用这些策略，也会提供一些机会帮助父母练习特定的策略或解决出现的困难。

这些研究表明，本书提供的治疗方法是有效的。在某些情况下，它与更密集的以家庭为中心的治疗一样有效。而在家庭治疗中，孩子和家长需要定期与治疗师会谈。如果你想更多地了解这些研究，可以参阅我们在本书参考文献部分提供的相关信息。

如果它不起作用怎么办？

我们的经验表明，和孩子一起使用这本书两个月左右，就可以取得巨大的进步。有时最初的改善可能会出现得比较迟，要过几个月之后才会发生。所以，如果你没有马上看到变化，请不要放弃。

如果读完这本书后，你觉得自己还需要更多的支持，我们强烈建议你向医生或学校寻求帮助。他们会为你推荐一些当地的服务机构，这些机构可以支持你应用本书中的原则，或者根据孩子所经历的困难提供其他方法。

另外，父母可能出于许多原因不愿意为孩子寻求帮助，例如：

• 他们可能觉得自己会在某些方面受到评判。

• 他们认为自己应该能够处理好家中的困难。

• 他们认为处理这类问题不是医生的工作。

这些困难其实是很常见的，很多不同背景的家庭都会遇到。请放心，我们有行之有效的治疗方法。医生们经常会碰到有这些困难的孩子，并且能够帮助你获得支持。因此，如果你有担忧，请一定要寻求帮助。

本章要点

※ 你在帮助孩子克服焦虑方面处于有利的地位。

※ 我们的研究表明，通过父母来帮助孩子是有效的。

※ 如果你需要额外的帮助，可以向医生或学校寻求支持。

第三章

孩子常见的焦虑问题

　　每个孩子都会以不同的方式经历焦虑问题，使用这本书时，清楚地了解孩子的独特经历是很重要的。与我们一起努力的每个家庭都有我们未曾听说过的经历，却也与其他家庭有很多共同之处。第一章已经描述了焦虑的思维、行为和身体症状的基本模式，不过我们也可以根据更具体的特征或症状，将某些类型的焦虑问题分门别类。

　　这些焦虑问题被贴上不同类型的标签，称之为"诊断"。孩子最常见的焦虑问题类型是：特定恐惧症、社交焦虑症、广泛性焦虑症和分离焦虑症。这些不同类型的困难常常相伴而生。事实上，在平常的工作中，很少看到一个孩子只有其中一种类型的焦虑。我们将在下文中描述这些类型的含义。

特定恐惧症

特定恐惧症是指对某一物体、地点或情境产生异常的恐惧。这是一种过度的害怕，当孩子面对害怕的物体（地点或情境）时，会出现极度不适的情况或回避行为。在日常生活中，恐惧是相当常见的，例如，很多人都害怕蛇或蜜蜂，这是一种正常反应。但是，如果孩子的恐惧严重干扰了他们的生活，例如，在学校、家庭或与他人社交时造成问题，或者妨碍他们去做想做的事，那么毫无疑问，这个孩子最好接受帮助，以克服这种恐惧。我们在孩子身上看到的常见恐惧包括害怕狗、高处、注射等。

萨拉（10岁）

萨拉一直不喜欢蜘蛛。她在刚学会走路时，有过一次变得歇斯底里的经历。当时她看到地毯上有一点儿绒毛，看起来有点儿像蜘蛛。从那时起，如果我们在房间里遇到蜘蛛，她总要离得远远的。这不是什么大问题，但是随着时间的推移，情况似乎变得更糟了。

现在我们发现，萨拉不愿意去某些地方，因为她认为在那里很可能会看到蜘蛛。例如，她的爷爷要住院一个月，那段时间他的公寓没人住，在他回家之前，我们要过去把它打扫一下。我们真的不应该带着萨拉，因为毫不意外，没过多久我们就遇到了一只蜘蛛。萨拉非常生气，我们还没来得及做点儿什么，她就已经跑出门了。从那以后，她就拒绝再去爷爷家，总是得让爷爷来看望我们，这对老人家来说很不公平。

社交焦虑症

孩子出现社交焦虑时，会有各种各样的情况。比如，他们害怕做一些让人尴尬的事情，害怕人们认为他们很愚蠢，对他们进行负面评价，或对他们做出不好的反应。对孩子来说，这可能会使他们很难进入有其他人的环境。例如，去学校与其他孩子一起玩耍（比如在聚会上），去咖啡馆或餐馆。它也可能使孩子很难参与社会活动，例如，不能在课堂上举手发言或在一群同龄人中讲话。

有社交焦虑症的孩子与熟悉的人在一起时往往感觉很放松。他们会试图避免与不熟悉的人待在一起，当他们不得不这么做时，则可能会感觉非常不舒服。当社交焦虑比较严重时，孩子会在某些情况下完全不能说话，比如在学校或与不熟悉的人在一起时。这种情况通常被称为"选择性缄默症"。

> **莱拉（11岁）**
>
> 莱拉最大的问题是上学。暑假时她还好好的，然而到了返校的前一个星期，她就开始肚子疼了。学期中的周日晚上也是如此。很难知道她是不是真的生病了，尤其是有时她确实身体不舒服，一提到上学她就脸色发白。这个问题有一段时间了，不过在她10岁的时候，她遇到一位非常支持她的老师，情况似乎稳定了一点儿。
>
> 但自从换了班级，上学这件事对她来说就变得异常困难。她似乎认为每个人都对她有不好的看法，因此任何小事都会

让她心烦意乱。例如，如果其他孩子只是看着她，她会认为他们觉得她的头发或衣服有问题。她的老师告诉我，她在课堂上非常安静，从不举手或试图参与活动。她经常在回家之后不知道自己应该做什么作业，因为她没弄明白，且没有问过老师该做什么。

广泛性焦虑症

广泛性焦虑是指孩子对很多事过度担忧，并且很难将担忧从他的脑海中排除。这些担忧往往涉及一系列不同的问题，而不是单一的问题。例如，常见的担忧可能包括世界上发生的灾祸（如恐怖主义）、在学校里的表现、友谊、事情做得对不对，以及自己和他人的健康。对一些孩子来说，担忧会随着时间的推移而改变，所以他们可能从担心这件事转为担心那件事。这些担忧常常伴随着令人不快的身体症状，如难以专注、肌肉酸痛、睡眠问题（难以入睡或频繁醒来）、易怒和疲劳。同样，这些困难会影响孩子在家里、学校的活动，与家人或朋友一起玩耍。广泛性焦虑的表现与其他焦虑问题稍有不同——担忧较多，回避较少——因此，有一些特别的策略非常有效（见第十二章）。

本（9岁）

　　对本这个孩子最贴切的描述是"担忧者"。他似乎对任何事情都很担忧。有他在场的时候，我已经不会播放新闻了，因为他好像总在留意坏消息。例如，他很害怕我们会感染上新闻中谈论的疾病，即使那发生在地球上的另一端。当他爸爸必须进城工作时，他也会变得非常紧张，因为他看到了关于炸弹和恐怖主义的报道。

我想我可以理解这些担忧，但有些担忧实在难以理解。他把一些东西记在脑子里，然后似乎就"念念不忘"。比如，他真的很害怕他在表哥家看的一部电影里的怪物。他确信如果他上楼，怪物就会来抓他，以至不敢自己上楼。我们告诉他怪物根本不存在，那只是一个虚构的角色。我们让他忘掉它，但他似乎无法摆脱这个想法。这种情况发生后，本不得不和弟弟同住一间卧室，但他晚上要花很长时间才能入睡，因为他一直在担心各种事情，现在这也干扰了弟弟的睡眠。

分离性焦虑症

有些孩子很难离开父母或其他照顾者，他们往往担心一旦与照顾者分开，就再也见不到对方了。这可能是因为他们担心如果照顾者不在，自己会受到伤害（比如会被带走或受伤），或者担心自己不在时，照顾者会受到伤害。这些恐惧会使孩子很难参加其他同龄孩子的活动，包括上学、拜访朋友、参加课后活动，或在外过夜。

穆罕默德（7岁）

很多事都让穆罕默德感到困难，其中最麻烦的是睡觉。穆罕默德需要我或他爸爸陪着才能入睡。我们已经尝试了所有办法——坚持让他待在自己的房间里，放任他哭。可是他太紧张了，这似乎让事情变得更糟。我们为他精心装饰房间，让它成了一个温馨的地方，但这也没什么用。通常，我或他爸爸会和穆罕默德一起进房间，给他读一个故事，然后和他一起躺在床上，直到他睡着。很多时候，我们也会跟着一起睡着，晚上的大部分时间就这样没有了。有时，我们好不容易能回到自己的床上睡觉，却常会在半夜被吵醒，发现穆罕默德在某个时候也悄悄爬了上来。我感觉我们都没有得到足够的睡眠，这也使其他事情变得更难处理。

另一件大事当然是上学。穆罕默德今年已经错过了很多课，因为他觉得那太难了，而我们也没精力一直催促他上学。每天承受这么大的压力，对他来说似乎不是什么好事。我试着想象他十年后的样子，那时他肯定不能再爬上我们的床了。现在我们必须要做点儿什么。

焦虑问题在孩子当中有多普遍？

焦虑问题是孩子最常见的情绪和行为问题之一。研究估计，全世界有 5%—10% 的孩子符合焦虑障碍的诊断标准。焦虑给这些孩子带来了极大的痛苦，或导致他们错过适龄活动的机会。换句话说，每 20 个孩子中就有 1 个以上可能有焦虑问题，而这妨碍了他们的日常生活。就特定类型的焦虑障碍而言，研究结果各不相同，但人们已经发现恐惧症影响了多达四分之一的儿童，而其他焦虑症，如分离焦虑症，可能影响了多达五分之一的儿童。

分离焦虑症在青春期前的儿童中更常见，而社交焦虑症在青少年中更常见。

对孩子生活的影响

对社交生活的影响

> 穆罕默德
>
> 在穆罕默德现在这个年纪，他的朋友们已经开始在别人家里过夜，去参加露营之类的活动。我们想让穆罕默德参加课后足球俱乐部，但除非他可以随时见到我，否则便不会加入。下学期他有一次学校旅行，需要在外面待三个晚上。我想他是不可能去的。我觉得他真的失去了很多东西，而且我担心随着他长大，如果妈妈或爸爸总是在他身边，朋友们就会对他失去兴趣。

不难看出，某些焦虑问题会影响孩子正在发展的社交生活。童年时期，友谊是必不可少的，它会帮助孩子学习和实践他们需要知道的东西，以建立持久的关系。它还提供了一个重要的参照点，让孩子发现他们经历的许多挑战是很正常的。当然，友谊也会提供许多乐趣，并鼓励孩子体验新的事物。在整个童年和青春期，朋友间的关系是不断变化的。当焦虑导致孩子远离学校的朋友或其他社交机会时，就会形成一个恶性循环——在朋友群体中发生的变化使孩子很难再次加入其中，如下图所示：

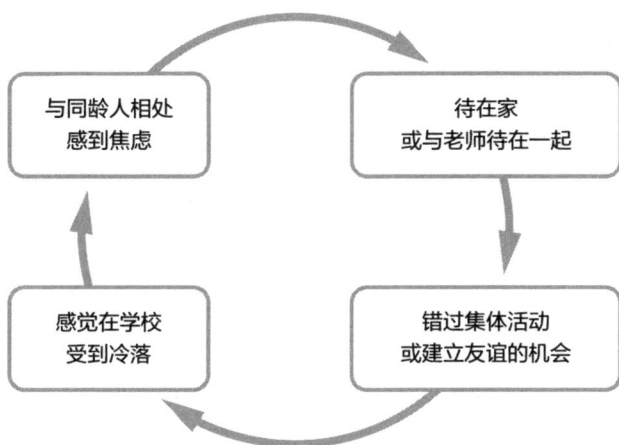

图 3-1 在学校不参与社交时的恶性循环

对学习成绩的影响

莱拉

　　莱拉在学校遇到了麻烦。由于她老是把自己弄得不舒服，所以她的缺课天数比大多数孩子都要多，这不是一个好的开始。她在学习上有点儿吃力，且现在情况变得越来越糟了。她从来不让老师知道她需要帮助，所以也得不到原本需要的帮助。她还说自己不记得老师让她做什么，因为她满脑子都在担心会出错。

　　我们没有理由认为，有焦虑问题的孩子比没有焦虑问题的孩子更不聪明。尽管如此，有焦虑问题的孩子确实倾向于碰到更多的学习问题。这可能是因为焦虑阻碍了他们充分发挥自己的潜力。同样，这里会形成一个恶性循环：孩子不寻求帮助，难以集中注意力和接收新信息，甚至由于在课堂上的担忧而无法听课，最后导致学习出现问题，而这些反过来又导致对能否完成学业的更大焦虑。如下面两张图所示：

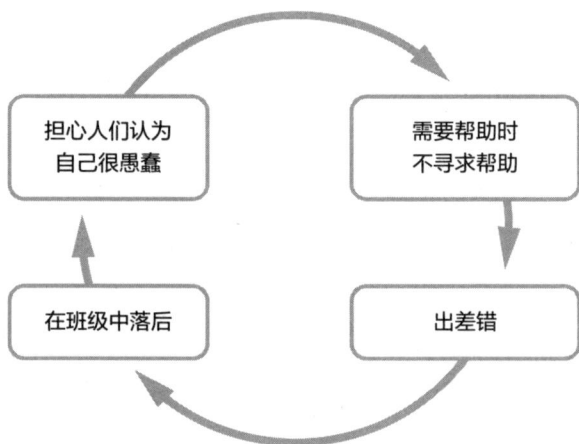

图 3-2 对寻求帮助感到焦虑时的恶性循环

图 3-3 焦虑干扰记忆和注意力时的恶性循环

对情绪的影响

> 本
>
> 本似乎肩负了整个世界的重担。我很少看到他大笑或微笑。想到这么小的孩子会有这样的感觉，我真的很难过。其他与他同龄的孩子，似乎都在无忧无虑地欢笑和玩乐，我只是希望他也能这样。

一些有严重焦虑问题的孩子还会出现情绪低落或抑郁的症状，比如对日常活动失去兴趣、容易哭泣或发怒、感觉自己一无是处，以及食欲不振和睡眠问题等身体症状。所有的孩子（包括成年人）都会不时地感到情绪低落，但如果这种感觉持续两周或更长时间，而且似乎不可能摆脱这种状态，那么解决这个问题就显得很重要了。

本书第二部分描述了一些有用的策略，可以帮助孩子克服轻度至中度的情绪低落。如果这些策略适用于你的孩子，那么他们会慢慢变得自我感觉良好，更能参加一些有意义的活动。然而，如果你的孩子非常孤僻，缺乏动力，你可能会发现很难应用我们将向你介绍的一些策略。在这种情况下，我们建议你先带孩子去看医生，与医生一起讨论在开始这个计划之前，如何让你们获得更多的支持，以改善孩子的情绪。

孩子长大后问题就会消失吗?

　　与焦虑症患儿保持联系的研究经常表明，这些症状可以持续数年。当我们想到焦虑问题对孩子的社交生活、学习成绩和情绪的影响时，眼前就会呈现出一幅阴郁的画面。但另一方面，儿童焦虑症的治疗也有很高的成功率。如果你的孩子正在经历焦虑问题，认清现实形势并及时加以处理是很重要的。

本章要点

　　※ 有 5%—10% 的孩子符合焦虑障碍的标准。

　　※ 孩子常见的焦虑障碍是分离性焦虑症、社交焦虑症、广泛性焦虑症，以及特定恐惧症。

　　※ 恐惧和担忧会影响孩子的社交生活、学习成绩和情绪。

　　※ 许多孩子在本书中描述的支持下克服了焦虑问题。

第四章

孩子的恐惧和担忧是如何形成的?

本

　　本是一个"担忧者",他似乎总是预见并担心最坏的事会发生。我见过和他同龄的其他孩子,他们甚至从来没有过这些想法。我想了很多,认为这肯定有什么原因。一方面,他似乎一直都是这个样子,甚至当他还是个婴儿时就显得很紧张,很难放松,晚上哄他睡觉总是一件难事。另一方面,我家里也有其他人在整天担忧,这一定也是原因之一。目前为止,他的生活中有许多需要应对的事情。他在一年内失去了与他非常亲近的祖父母,这让他非常难过。但我也忍不住想:"是不是我们做了什么?""是不是我们让他变成这样的?"

　　与我们一起努力的大多数父母,都渴望更好地了解他们的孩子为什么会出现恐惧和担忧。这一方面是为了帮助孩子克服这些恐惧和担忧，但另一方面，父母也是担心他们在某种程度上应该为孩子的焦虑负责。父母当然可以影响他们的孩子在特定情况下的焦虑程度（如果他们不能，这样的一本书就没有意义了！）。然而，孩子的恐惧和担忧很少是由某一件事引起的。他们的焦虑水平以及焦虑对其生活的干扰程度，通常是由多种影响因素共同造成的。本章将向你介绍最常见的两种因素：（1）遗传和继承而来的性格特征；（2）学习经验，包括从其他人和特定生活事件中学到的东西。

我们遗传了什么？

众所周知，我们从父母那里遗传了某些身体特征。例如，眼睛的颜色、头发的颜色、身高以及一系列其他的身体特征。心理特征也是如此，我们可能遗传了脾气急躁、冲动或懒散的倾向。你可能会觉得，孩子对事情的许多反应（情感或行为上）类似于你或其他家人的反应（或者你儿时的反应）。

现在大家都知道，"焦虑是家族性的"。对焦虑儿童的家庭成员进行评估的研究，往往发现其父母和兄弟姐妹的焦虑程度要高于平均水平。总的来说，研究表明，儿童时期的焦虑受到遗传因素的影响。虽然不同的研究估算结果有所不同，但一般性焦虑的影响大约有三分之一是遗传引起的。简单地说，焦虑是由三分之一的遗传因素和三分之二的经验因素造成的。

焦虑发展中的基因与环境

遗传到的究竟是什么?

尽管有些孩子和他们的父母可能都是优秀的足球运动员,但我们通常不会认为这意味着踢足球的能力流淌在他们的基因中。然而,很有可能的是,促使一个人成为足球运动员的其他特征(如力量、速度和快速反应)在一定程度上是遗传的。焦虑很可能以类似的方式在家族中传播。与其说我们继承了某种特定的焦虑症,不如说我们可能继承了某些特质,使我们在生活中的某个时刻倾向于变得高度焦虑。以下两种特质可能被遗传:(1)我们的身体对威胁做出反应的倾向(例如婴儿有多容易被噪声吓到);(2)我们的情绪泛化的倾向(例如婴儿有多容易变得烦躁)。

环境因素

这个时候你可能会想:"如果我的孩子生来如此,我还有什么希望改变它呢?"这是一种常见的反应。然而,遗传学永远无法断言一个孩子是否会出现恐惧或焦虑的问题。有很多孩子可能来自"担忧者"的家庭,但他们自己从未经历过异常的恐惧或担忧。同样,你的孩子可能也有丝毫不焦虑的兄弟姐妹。还有很多孩子在婴儿期似乎很容易不安,在学步期难以安定,也很拘谨,但后来却没有经历过恐惧或担忧的问题。显然,孩子在生活中经历的事件,对恐惧和忧虑的发展有着重要的影响。

不利的生活事件

> **穆罕默德**
>
> 我不觉得穆罕默德的人生有一个好的开始。生活总是变幻无常。在他还是个婴儿的时候，我就和他的亲生父亲分手了。事实上，他从没有与父亲有任何持续的联系。
>
> 我和我的伴侣一起陪穆罕默德度过了生命中的大部分时间，穆罕默德把他当作"爸爸"，但他的工作需要经常外出。由于各种原因，包括经济问题，我们不得不经常搬家，所以家里的压力很大。穆罕默德也换了学校，远离了他的老朋友。我想如果我是他，可能也会感到焦虑。

正如上面所说的，许多父母报告说，他们的孩子似乎总是很害怕或担忧。但他们也经常说，在某个特定的生活事件之后，孩子的恐惧或担忧变得更严重了，或者开始造成更多的干扰。我们很难确定，那些经历过很多恐惧和担忧的人，生活中是否发生过更多的压力事件。原因是，压力事件对一个焦虑的人的影响，可能远甚于对一个不那么焦虑的人的影响。

然而，对一些孩子来说，困难经历有时也可以帮助他们发展复原力。你可能会想到你认识的两个孩子，他们有着相似的困难经历，却以完全不同的方式应对这些经历。似乎压力事件对孩子的恐惧和担忧的影响取决于事件本身之外的因素，包括孩子遗传到的对焦虑的易感性，也包括周围环境的影响，如孩子从其他人那里学到了什么。

通过榜样学习

很小的时候，孩子们就通过观察周围的人来学习。孩子可能最依赖于从亲近的人那里获得的信息，比如父母或照顾者以及兄弟姐妹。为了在这个世界上生存，这种学习方式是很重要的，可以帮助孩子远离潜在的危险和伤害。但它的缺点是，孩子也会从身边的人那里学到无益的反应。

研究人员发现，容易焦虑的孩子似乎特别注意周围人的反应，而且比那些轻松的孩子更容易受到影响。换句话说，我们可以在一些孩子面前表现得非常焦虑，这可能对他们没有什么影响，但容易焦虑的孩子则有可能注意到我们的反应，并将其作为潜在威胁的进一步证据。对焦虑儿童的父母来说，这种情况是一项特别的挑战。

> **莱拉**
>
> 我在尽力帮助莱拉克服恐惧，但我知道，我并不总是能树立一个好榜样。例如，当我和她一起去学校门口时，我发现这真的很困难。那里有很多其他家长，他们似乎都认识对方。在这种情况下，我只会尽量低着头，尽可能快地进出学校。

父母常常能够意识到自己的恐惧和担忧，并且会努力对孩子掩饰这些恐惧和担忧。然而，孩子（尤其是那些容易焦虑的孩子）会高度关注照顾者的反应，并且能够精确地捕捉到不对劲的细微迹象。例如，乔（第十六章中将要讨论的案例）害怕狗，乔的父亲也不喜欢狗，但他努力对乔隐藏这种恐惧。如果乔的父亲和乔一起走在街上，看到一只大狗向他们走来，他会抑制自己的恐惧，平静地穿过马路，这样乔就不会看到他被吓到了。尽管如此，从他们过马路的事实来看，乔已经从他父亲那里得到了一条信息，即他有充分的理由离狗远一点儿。

从其他人的反应中学习

　　正如我们上面所描述的，许多焦虑的孩子天生比其他人更敏感，或者他们可能应对过一些困难经历。因此，鉴于他们过去的经历，父母可能会担心孩子不知如何应对，并尽最大努力防止孩子变得苦恼。例如，父母可能会在无意中鼓励孩子回避他们所害怕的情境。

> **本**
>
> 　　如果本要求去伦敦过生日，我会怎么做？我想我会从椅子上掉下来。哦，不，我猜我会很高兴他想要这么做，但我很怀疑他是否能做到。他可能会说他想去，但随着时间的临近，就会开始担心，而这最终会毁了他的计划。当他提出这个问题时，我想我能做的就是尽量建议他做其他事情，比如就在当地做点儿什么，这样就不用乘坐公共交通工具，或者做一些他认为危险的事情。

　　类似地，如果孩子确实进入了一个潜在的困境，父母可能会在无意间以增加孩子恐惧的方式做出反应。例如，当乔抚摸一只狗时，他的父亲是保持微笑，看起来很舒服，还是看起来很担心、很严肃或不舒服？当莱拉在全校大会上发言时，她的妈妈是坐在那里点头，看上去很放松，对莱拉的能力很有信心，还是坐在椅子边缘，交叉着双手，担心莱拉的进展是否顺利？

除了观察别人的行为，焦虑的孩子也在注意别人对自己行为的反应。因此，对容易焦虑的孩子来说，父母的某些反应可能意味着有不好的事情发生，或者父母对自己的应对能力缺乏信心。父母的行为不一定像例子中给出的那样明显，但他们可能通过以下方式试图减少孩子的苦恼：在无意间鼓励孩子回避他或她的恐惧，插手为孩子解决问题，或者给予大量的安慰。正如我们所解释的，所有这些都是父母对一个苦恼的孩子的自然反应。进化造就了父母保护孩子的本能，大多数父母都有保护孩子安全和缓解他们痛苦的强烈冲动。

让孩子回避或远离引发焦虑的环境，可能在短期内达到避免焦虑的目的。但从长远来看，所有这些正常的、自然的行为，都可能会阻止一个焦虑的孩子尝试面对新的情况，发展应对这些情况的技能，并克服相关的担忧和恐惧。不给予过度保护往往是焦虑儿童的父母面临的首要挑战。孩子的恐惧和担忧会启动父母的保护本能，促使他们做出特定的反应。但不幸的是，因为孩子非常焦虑，会特别注意这些反应，所以父母的这些自然反应最终会让孩子继续焦虑。因此，有时我们需要有意识地努力抵制自己天生的保护冲动，允许孩子勇敢尝试。

应对的经验

为了克服恐惧，孩子需要有机会检验他们的担忧是否属实。例如，是否真的有坏事情要发生，或者自己是否真的无法应对焦虑——并了解他们其实可以应对这些情况。当父母非常担心孩子变得焦虑，想要保护他们时，孩子可能就没什么机会来检验他们的恐惧，并从挑战中学习。

> **莱拉**
>
> 当莱拉开始上学前班时，是她第一次进入某个集体，对她来说真的很困难。她还是个小婴儿时，我不明白她能从团体活动中得到什么。那些更像是妈妈们聚在一起的活动，我不太想去，因为我对那种事情不太适应。后来等到她长大，也就是蹒跚学步的时候，每当我们进入有一大群人的场合时，她就会变得非常不安，感觉还是离开为好。她明显不喜欢待在那里，也没有从中得到什么好处，因为她一直黏在我身边。

莱拉妈妈的反应是可以理解的，这也说明了我们的经验可能源于自身的生长环境以及父母的焦虑和期望。在莱拉的例子中，随着她年龄的增长，带她去参加社交活动简直令人痛苦，因为她是一个如此胆小的孩子。不幸的是，这意味着莱拉很少有机会体验集体活动，学习享受集体活动，并发展应对集体活动的技能。

是什么让孩子如此焦虑?

到目前为止,这个问题显然没有直接的答案。影响孩子的恐惧和担忧的因素很多,且它们之间会相互影响。如果你的孩子产生了恐惧和担忧,那么,现在最重要的问题不是什么引起了恐惧和担忧,而是什么让它们持续存在。可以想象,这就好比遇到一辆车子陷进了泥潭。一旦车子陷入泥潭,我们需要关注如何把它弄出来,而不是它为什么会陷入泥潭。这也是下一章的重点。

本章要点

※ 焦虑往往是家族性的,通常由三分之一的遗传因素和三分之二的经验因素造成。

※ 焦虑和担忧的孩子,更容易受到不幸生活事件或其他人反应的影响。

※ 不给予过度保护往往是焦虑儿童的父母面临的首要挑战。切记,孩子需要得到勇敢尝试的机会。

第五章

是什么让孩子一直恐惧和担忧?

萨拉

　　萨拉实际上并不经常遇到蜘蛛,因为如果她认为有蜘蛛,就会让我们进入她的房间,把它们检查并处理掉。如果真的看到蜘蛛,她会尽可能快地跑开。她觉得蜘蛛会爬到她的手臂上,但我认为这不太可能。而且我已经告诉她,我确信蜘蛛其实更害怕她。可是因为她每次都躲开了,所以她从来没有机会看到蜘蛛是无害的。

恶性循环

　　恐惧和担忧都是恶性循环的。在第一章中,我们描述了焦虑的三个主要方面:(1)预期有"坏事"要发生;(2)身体上的变化;(3)回避和寻求安全的行为。这些都是构成焦虑本身的关键因素,但它们也相互作用,使焦虑持续存在。例如,如图5-1

所示，当萨拉遇到一只蜘蛛时，她的第一个想法是"它会爬上我的手臂，我会吓坏的"。她的心脏开始快速跳动，这给她提供了更多的证据，表明有坏事要发生。毫不意外，接着她便会试图逃跑。"谢天谢地，"她想，"幸好我逃掉了，否则那只蜘蛛就会爬上我的手臂。"下次她遇到蜘蛛时，还是会发生同样的事情。

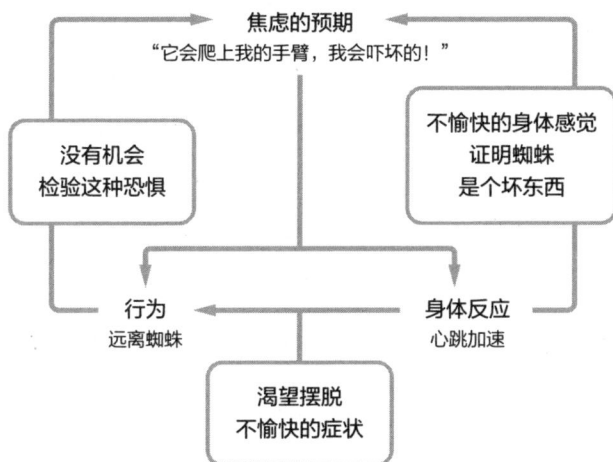

图 5-1 诱因：萨拉看见蜘蛛

回顾焦虑的预期

当人们感到恐惧或担忧时，可能会有两种常见的想法。第一种与面临的威胁有关：当人们经历焦虑时，往往会高估坏事发生的可能性。例如，他们认为自己一定会在考试中表现不好。第二种关于如何应对：高度焦虑的人往往低估自己应对坏事的能力。也就是说，他们预计自己将无法应对。例如，如果他们在考试中遇到困难，他们预测自己会惊慌失措，会放弃并开始哭泣。

这样的思维方式会妨碍我们学习新的东西，因为我们会注意到周围发生的符合自己信念的事情，对于不符合自己信念的事情，要么没有注意，要么置之不理。我们都有以这种方式过滤新信息的自然倾向，问题是，这会让无用的信念继续存在，并阻止我们学习新事物。例如，想象一个人已经形成了坚定的信念，认为开车时戴帽子的人是糟糕的司机，那么每当他看到有人在开车时戴着帽子，就会注意开车者可能犯的任何错误。即使他没看到这个人犯错，也会断定这个人当时一定是特别集中注意力，但在大多数时候仍是一个糟糕的司机。其他司机也可能犯错，但他不太可能注意到那些错误，因为他没有特别关注他们的行为。

恐惧以完全相同的方式发挥作用。我们的注意力会集中在观察和记住那些能够证实恐惧的事情上，而放过那些与恐惧不相干的事情。即便我们确实看到了与自己的恐惧信念相反的例子，可能也不会从中学到什么，因为我们想出了许多理由来说服自己那些证据不算数。

最近的研究表明，许多青春期前的孩子倾向于以威胁性的方式看待世界（例如，认为动物是危险的），但随着孩子年龄的增长，这种情况似乎会减少。判断孩子是否感到焦虑时，他们对自己能否对事件做出应对的想法尤为重要。最近的研究还表明，将自己视为一个能够应对挑战的人，对孩子摆脱焦虑的困境可能特别重要。

回顾身体的变化

在前面的例子中，穆罕默德和莱拉出现焦虑的想法时，他们感到恐惧并出现恐惧的身体症状，比如心跳加速、手心出汗和腹部不舒服（感觉恶心、肚子疼），这一点儿也不奇怪。这些症状会让人感到不安和担忧，并可能导致更多的焦虑。如果孩子把身体上的变化解释为有坏事要发生的证据、身体有严重问题的迹象或难以忍受的不舒适，那么他很可能会感到更害怕，想要远离任何可能导致这种反应的情况。换句话说，孩子开始害怕恐惧带来的身体症状。

身体上的变化也可能会影响孩子的表现，从而增加恐惧和担忧。以莱拉为例，发抖、出汗和喉咙发紧会使她很难在别人面前开口说话。意识到这种情况后她可能对提问更没信心，那么，每当要提问时，她就会感到更加担心，并出现更多的身体症状。莱拉对不能做演讲的恐惧很可能会导致她最担心的事情出现，那就是不能在全班同学面前发言。

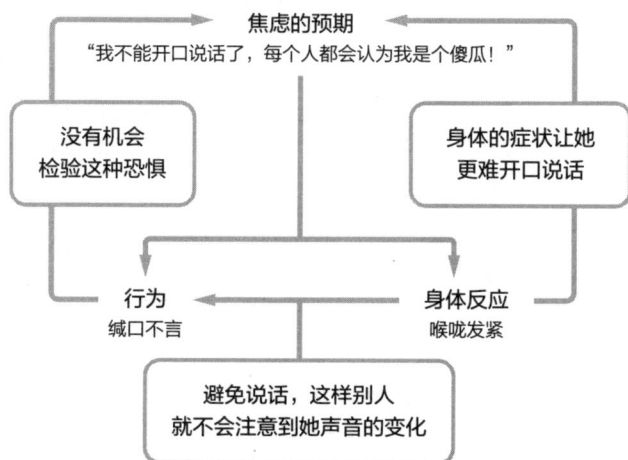

图 5-2 诱因：莱拉被要求在全班同学面前发言

回顾焦虑的行为

如果我们不仅考虑到莱拉和穆罕默德的焦虑想法，还考虑到他们所经历的不舒服的身体感觉时，就很容易理解他们的行为方式了。

※ 回避

面对威胁的自然反应是逃离。在短期内，这有时是一个明智的解决方案。然而，如果一个人不去面对他所害怕的情况，就永远无法发现它是否真的像自己担心的那样可怕，也无法学会如何应对它。由于待在家里不去上学，莱拉没有看到在做演讲时感到紧张是很正常的。她的许多同学也表现出恐惧的迹象，但这似乎得到了其他人的理解，而不是嘲笑。她也因此没有机会练习，变得善于在同学面前发言。

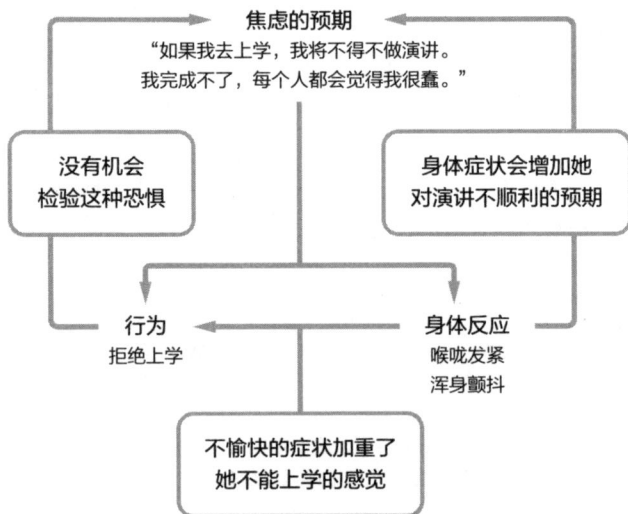

图 5-3 诱因：莱拉要在学校做一次演讲

※ 寻求安全

除明显的回避行为外，孩子会有一些特别的行为方式让自己感到安全。这些"寻求安全的行为"可能包括：事先精心准备，总是让人陪在身边以获得支持，总是带着急救包以防生病，发言前在脑海中排练要说的话，或者在发言时让头发遮住自己的脸。在他们看来，这些行为通过阻止（或防止）"坏事"发生或让他们得以应对，从而让自己感到安全。事实上，这些行为阻碍了孩子从他们的经历中学习新的东西。我们可以想象一个人站在花园里向空中扔纸片，当邻居问他为什么这样做时，他回答说："为了把龙赶走。"邻居说："可是没有龙啊！"他回答说："确实如此。"换句话说，有时我们为了保护自己而做的事情会阻止我们意识到自己本来就是安全的。

我们可以在图 5-4 本的例子中看到这种情况，他上楼拿到他的跳绳，然后说："万事大吉，（但只是）因为我哥哥和我在一起。"

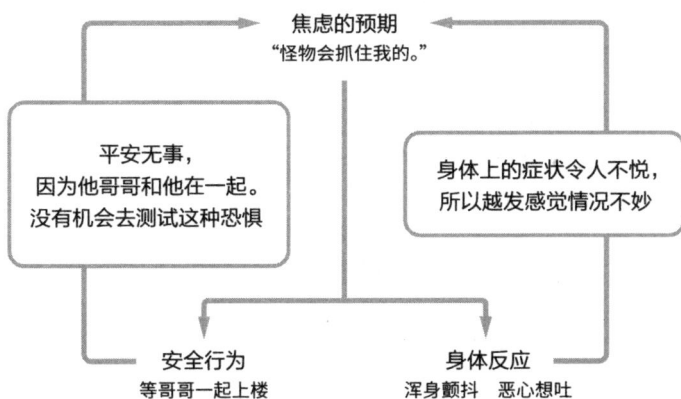

图 5-4 诱因：本需要去楼上拿他的跳绳

※ 寻求安慰

　　就像回避一样，从别人（通常是成人）那里得到安慰，可能会让孩子在那一刻感觉更好。然而，如果一个孩子不断地寻求安慰，则表明他没有利用这些信息来改变或更新他的"恐惧信念"，而只是得到了短期缓解。想象一下，一个孩子在出门之前不断地问父母他们会不会有事。这个孩子最终可能会离开家，但下一次他又需要同样的安慰，而缺少自己管理焦虑的技能和信心。换句话说，安慰会导致孩子在未来需要更多的安慰，这又是一个恶性循环。下面是关于本的另一个例子。

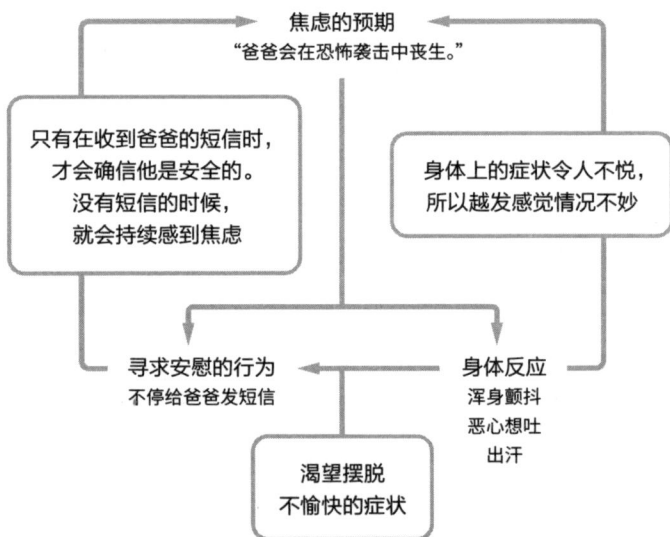

图 5-5 诱因：本的爸爸下班晚了

　　有时，给孩子提供安慰是有帮助的。但鼓励和支持孩子做一些他们从未尝试过的事情，确实是身为父母的一项重要职责。所以，父母经常问我们，什么时候给孩子安慰合适，什么时候不合适。思考这个问题的一个有用方法是，问问自己，你的安慰是在帮助孩子尝试新事物，让他们能够检验恐惧，还是在鼓励逃避，是一种寻求安全或限制独立的行为。下面给出了一些例子。

表 5-1 不同安慰的例子

促进新学习机会的安慰	减少新学习机会的安慰
来吧，试一试，你以前也做过，而且做得很好。	没事的，妈妈在这里。
我想你应该看看它是如何进行的。我很有信心，即使不顺利，我们也知道接下来要做什么。	会好起来的，别担心！
我真的觉得你能做到。上周你在课堂上提问时，我感到很骄傲。	别担心，一切都会好的。我相信同学们不会嘲笑你的，而且老师也一定会很友好。

其他人如何回应？

其他人对孩子的回应方式显然会对这些恶性循环产生影响。在上一章中，我们讨论了焦虑是如何在孩子身上发展的，部分原因是他们可能从周围人那里学到了焦虑的感觉和行为。我们特别谈到了三个影响因素：（1）通过榜样学习；（2）从其他人的反应中学习；（3）面对恐惧和发展技能的机会有限。虽然不那么焦虑的孩子可能会"忽略"这些行为，但那些焦虑的孩子会特别注意我们的反应，所以如果父母或其他人（其他照顾者、兄弟姐妹、老师等）以不良的方式做出反应，就有可能使孩子维持恐惧和担忧的状态。

图 5-6 给出了一个这样的例子。考虑到莱拉经常为上学而苦恼，我们可以理解她妈妈的反应。当莱拉准备上学时，妈妈就感到很紧张，因为她担心莱拉陷入恐慌。她不停地问莱拉是否还好，不幸的是，这与她明显的紧张结合在一起，向莱拉传递了这样的信息：我也许有理由认为事情不妙！到了上学的时候，莱拉变得非常焦虑，她担心事情会以某种方式变得糟糕，特别是担心她会做一些在别人看来愚蠢的事情，他们会嘲笑她。她感到喉咙发紧，并且浑身颤抖。这两种症状都让她非常不愉快，也让她更担心自己会在别人面前出丑，因为他们会注意到这些症状。可以理解的是，莱拉拒绝去学校。但是，不去学校，莱拉就无法检验她的恐惧，得不到他人的支持，也无法找到应对的方法。反过来，莱拉的反应也证明了她妈妈的焦虑预期。

简而言之，如果孩子身边的人表现出恐惧的迹象，并以回避的方式来回应，那么孩子（尤其是敏感的孩子，他们在寻找与其"恐惧信念"相符的信息）很可能认为特定的物体或情况存在威胁，最好的回应方式是回避它。同样，如果照顾者没有特别关注孩子面对恐惧的尝试，反而试图鼓励孩子远离恐惧，这也可能给孩子带来这样的信息：有一些事情是需要担心的，或者是他们无法应对的。这可能会使孩子更加试图避免挑战性的情况。最后，

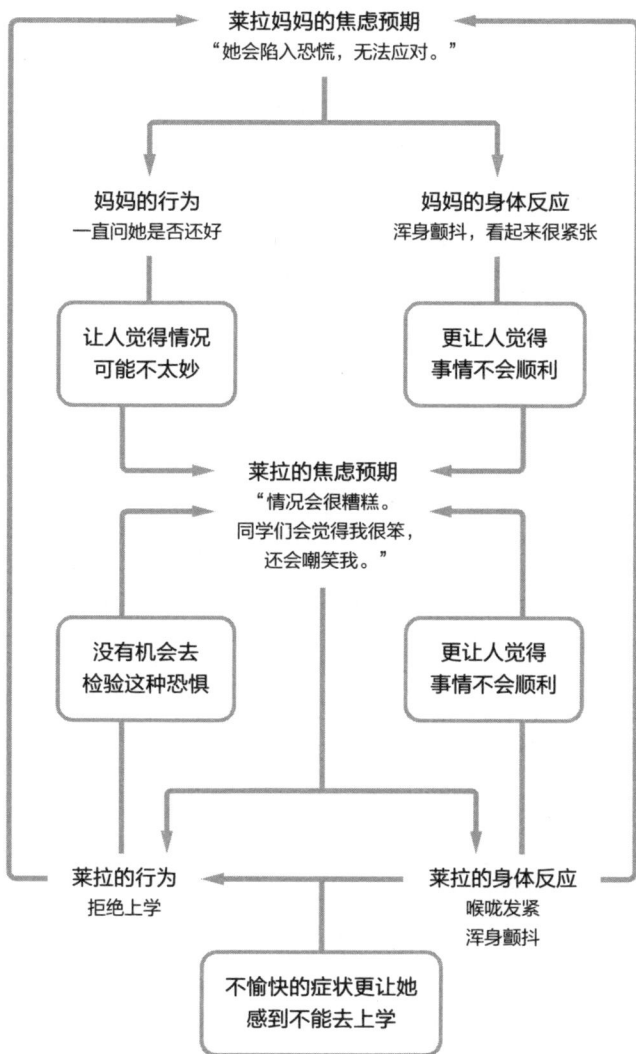

図5-6 诱因：莱拉正在为早晨上学做准备

如果孩子没有机会面对恐惧，他们就无法获得所需要的信息，以检验自己的恐惧信念，也无法发展所需要的技能，使其能够独立应对挑战。

现在，我们讨论了可能维持孩子焦虑的各种因素，请你尝试填写下一页的问卷。想一想你的孩子最近遇到的困难，看看你能否找出是什么让这些恐惧持续存在。如果你觉得孩子周围其他人的反应很重要，也要填写图表上面的部分。如果你很难完成这个图表，那就请继续阅读下面的章节，然后在你开始和孩子一起行动之前再回到这里。

打破循环

本书第二部分的主要目标是，帮助你和孩子打破使他们的恐惧和担忧持续存在的循环。具体来说，我们将指导你通过各种方式了解孩子需要学习什么，并帮助孩子对其焦虑预期进行检验。正如我们在本章和上一章所描述的，作为父母或照顾者，你可以对孩子的学习思考和行为产生很大的影响。在接下来的章节中，我们将帮助你关注你和其他人是如何对孩子的焦虑做出回应的，并支持孩子发展出一种新的生活方式。

诱因: _____

父母或他人的焦虑预期

_____
_____

父母或他人的行为	父母或他人的身体反应
_____	_____
_____	_____
_____	_____

这些行为是如何
让担忧持续存在的?

_____
_____

这些身体反应是如何
让担忧持续存在的?

_____
_____

孩子的焦虑预期

这些行为是如何
让担忧持续存在的?

_____
_____

_____
_____

这些身体反应是如何
让担忧持续存在的?

你孩子的行为
(比如: 回避、寻求安全、寻求安慰)

_____
_____

孩子的身体反应

_____
_____

孩子的身体反应和行为是如何相互促成的?

_____

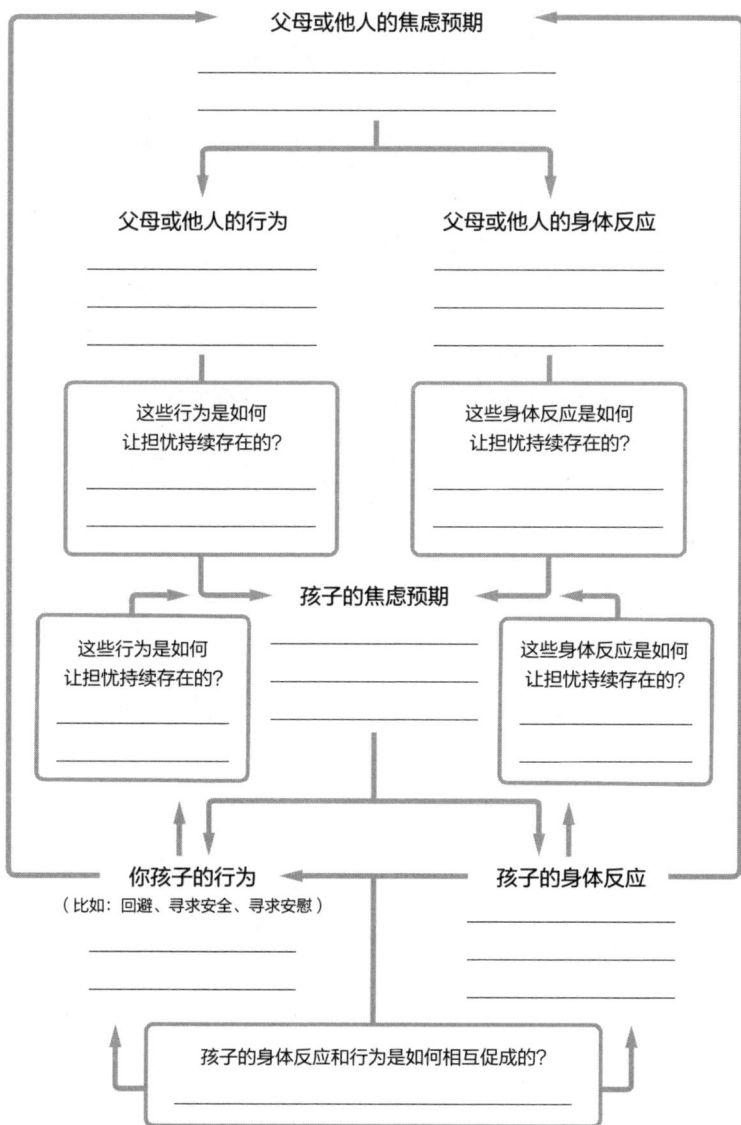

图 5-7 诱因记录图

本章要点

※ 焦虑的孩子常常预期有坏事要发生，而且认为自己无法应对。

※ 焦虑的预期会使焦虑持续存在。

※ 孩子有时会害怕身体上的感觉，而回避会阻止孩子挑战他们的焦虑预期。

※ 他人的安慰和焦虑反应会使孩子的焦虑问题持续存在。

第二部分

——

行动篇

第六章

迈出第一步

本书写给不知如何行动的家长

许多孩子都会在某些时刻经历恐惧和担忧，而很多时候家庭能够相当容易和迅速地克服这些问题。对一些孩子来说，恐惧似乎只是一个阶段。

对有些人来说，恐惧可能存在，但没有给孩子或家庭带来任何特定的问题：他们不必避免自己想做的任何事情，孩子也不会因为恐惧的存在而感到困扰（例如，一个孩子虽然害怕蛇，但他很少接触到蛇）。

然而，对另一些人来说，恐惧或担忧可能持续更长时间，会对孩子或家人的生活造成更大的干扰。孩子经常因为恐惧而感到苦恼，并避免去参加一些活动。家人非常努力地减少孩子的痛苦，以至无法继续做自己想做的事情。在这种情况下，许多家庭就需要专业的支持，在了解基础的方法后，学着自己去克服困难。

在你开始之前

为什么要改变?

如果你对改变孩子和自己的生活这件事感觉很复杂,这是可以理解的。照顾一个焦虑的孩子本身就让人很痛苦,而且常常让人精疲力竭。可能你已经付出了巨大的努力,才能像现在这样生活下去,并将孩子的痛苦保持在最低限度。

我们确信,你会预料到这个计划不可避免地要让孩子面对他们的恐惧。正如前文所述,父母保护孩子的冲动是非常强烈的,而鼓励孩子去做一些会让他们体验到焦虑和痛苦的事情可能很困难。你以前可能尝试过这种方法,并发现这样做似乎引起了更多的不安。你在想,也许你应该维持现状,也许他们长大后就不这样了,也许对这种情况采取措施只会让事情变得更糟。这些都是面对改变的正常反应。

我们的直觉是,如果你正在读这本书,说明事情已经发展到了一定地步,在某种程度上,孩子的恐惧或担忧正在妨碍你们。很多时候,焦虑问题不会随着孩子的长大而消失(尽管焦虑的焦点可能会改变)。然而,有研究表明,如果遵循本书中的原则,孩子则很可能会成功地克服焦虑。

何时改变?

如果想持续并定期应用本书中的原则,你需要在接下来的几个月里把它作为优先事项。如果你要去度假两周,或者手上有重要的工作,就可能无法充分投入这个计划。同样,如果孩子要参加学校组织的旅游，离家一周，你也不希望一开始就无法跟进。在这种情况下，最好推迟开始这个计划，直到你能够把它作为首要任务。

似乎总是有这样或那样的理由让你推迟开始，但在某个时刻，你必须迈出第一步。因此，除非有严肃的理由不这样做（像上面给出的那些），否则你应该尽快设定开始的日期。我们的建议是，你现在就可以开始了。

要改变什么？

有些孩子只会经历一种非常具体的恐惧，例如怕狗，但我们看到大多数孩子都会对不同的事物感到焦虑。如果孩子只有一种明确的恐惧，那么决定关注什么就不成问题。然而如果孩子担心各种各样的事物，你就需要尽早决定最先关注什么。非常重要的是，你要选择一种特定的恐惧或担忧作为重点。这对你和孩子来说，事情会变得更简单，而且你们能清楚地看到成效。

你可能会觉得选择一种恐惧所处理的只是"冰山一角"，但你不必因此却步，原因有二。第一，学习并练习过一些技能后，便会更容易地将它们应用于克服其他恐惧上。第二，成功克服一种恐惧会给孩子带来宝贵的经验，产生一些连锁反应，让他们知道:（1）恐惧是可以克服的;（2）他有能力克服它们。在下一章中，我们将帮助你进一步思考应该关注什么。

关于自助计划

以下章节将向你介绍本计划最重要的部分，你可以利用这些步骤克服孩子的恐惧和担忧。

它们遵循了针对焦虑儿童的认知行为疗法的基本要素。认知行为疗法的基本观点是，我们对事物的看法与我们的行为和感觉密切相关。因此，通过改变我们对恐惧的看法，以及我们因恐惧而采取的行动，就可以改变我们对恐惧的感觉。这种疗法被广泛用于成人和儿童，在过去十年中，已经成为许多情绪问题特别是焦虑障碍的首选治疗。一些治疗研究表明，如果能始终如一地遵循本书中所描述的原则，孩子们将受益匪浅。

五个步骤

五项主要原则见下面的内容。这些原则也可以被视为步骤，因为它们按照给定的顺序环环相扣。我们将在接下来的章节中更详细地描述每个步骤。

除了下文中列出的五个步骤外，这一部分还介绍了三个补充策略。

第1步 设定目标
明确你想要达到的目标。

第2步 确定孩子需要学习什么
（以正确的方式）提出正确的问题，以了解孩子的想法。

第 3 步 鼓励独立和勇敢尝试
使用表扬和奖励等策略来鼓励勇敢的行为。

第 4 步 与孩子一起制订循序渐进的计划
帮助孩子制订一个计划，逐步面对他的恐惧，以检验焦虑的预期。

第 5 步 解决问题
帮助孩子成为一个独立的问题解决者。

第十二章提供了一些指导方针，告诉你如果你的孩子是个"担忧者"，你可以做些什么。有些孩子不停地担忧这个或那个，并发现自己很难控制那些担忧。这可能导致孩子容易苦恼，使他们紧张不安，难以入睡，或者导致他们在学校无法集中注意力。如果这一点适用于你的孩子，那么我们建议在整个计划中（也就是说，在完成这五个步骤的时候）应用这些方针。

许多表现出高度焦虑和担忧的孩子也会出现令人不快的身体症状。第十三章给出了一些具体的指导，帮助孩子处理这些不愉快的身体反应。同样，如果这一点适用于你的孩子，请在开始之前阅读第十三章。

第十四章涉及管理你自己的焦虑。虽然情况并非总是如此，但与我们一起努力的许多父母也有自己的焦虑问题。在帮助孩子克服恐惧和担忧方面，那些有焦虑问题的父母可能会面临一些特殊的挑战。如果你觉得这一点适用于你，我们则鼓励你在开始之前阅读第十四章。

特殊需求

在第三部分中，根据孩子恐惧的性质，我们介绍了一些其他技巧，这些技巧有可能适用于你和孩子。这些恐惧涉及睡眠问题、行为困难和学习问题。这一部分还有一个针对教师或学校其他员工的章节，如果这对那些在学校与孩子一起努力的人有用，可以请他们阅读这一章。

本书主要使用了与5—12岁儿童有关的案例和材料。不过，第三部分中有两章专门讨论了如果孩子年龄过小或过大，你需要考虑什么问题——如果你的孩子是5岁或以下，我们建议你阅读第十六章；如果你的孩子是12岁或以上，则阅读第十七章。我们建议你在开始之前阅读其中一章，这样就可以在整个计划中应用这些原则了。

通过本书获得最大成效

在整个计划中，重点是你要帮助孩子克服焦虑。你不是要为孩子解决问题，也不必去安慰他一切都会好起来，而是扮演教练和啦啦队队长的角色。你需要负责帮助孩子找出他们应该做的事情，然后为他们的进步欢呼。最后，处理问题的人必须是你的孩子——你不能保证问题出现时自己总是在场，所以孩子必须在你的帮助下学习如何自己处理恐惧和担忧。尽管如此，你仍有可能只看到孩子的恐惧和担忧，而忽略孩子本身的问题。例如，如果一个孩子对上学感到紧张，他可能不认为解决问题的办法是克服恐惧去上学，相反，他认为最好的办法或许就是不去上学。虽然你需要与孩子一起努力并提供指导，但你也有责任带头，鼓励、激励孩子，为他树立一个好榜样。在这一部分中，我们始终考虑如何鼓励孩子参与进来。在第十七章，我们还介绍了一些额外的技巧，以提高年龄较大的儿童和青少年的积极性。

五个步骤中，有一些步骤涉及向孩子提问，以帮助他自己解决问题。要成功地做到这一点，你需要问正确的问题。这并不总是很容易，但我们会帮助你。重要的是，你的问题要向孩子表明你在认真对待他的担忧，而不是在取笑或批评他。这有时会很困难，特别是当你对孩子的行为感到沮丧的时候。为了让孩子和你合作，你需要表明你理解并接受孩子所担心的事情。然而，你也需要表明，你认识到这种担忧正在妨碍你们，所以需要采取一些措施。

虽然担忧本身需要认真对待，但在共同克服它们的过程中，你们也可以乐在其中。抓住每一个享受乐趣和发挥创意的机会。如果整个计划都很沉重，孩子们就不想参与了，所以尽量保持轻松的气氛！

保持书面记录

在整本书中，我们要求你记录你与孩子所做的工作。有些父母喜欢和孩子一起记录这个过程，有些父母则喜欢坐下来独自完成它们。无论哪种方式，请务必用纸笔将它们记录下来，原因有二。第一，把事情写下来有助于学习和记忆。第二，这可以让你回头看看自己做了什么。很多父母经常会觉得事情进展缓慢，甚至有倒退的倾向，但当他们真正看到书面记录时，就会发现已经取得了很大进步。至于我们在书中使用的那些图表，并不是所有问题都与你的个人情况有关，只要回答那些与你自己或你孩子的经历有关的问题就可以了。

你不需要孤军奋战

我们经常与单亲父母合作，他们自己就能成功地将整个计划付诸实践。然而，毫无疑问，如果有周围人的帮助，你会更容易和孩子一起完成这个计划。这个人可能是你的伴侣、父母、年长的孩子、朋友或孩子的老师。孩子身边有越多的人遵循同样的原则，他就越容易学会如何克服恐惧和担忧。同样，与另一个成年人一起努力，他很可能会激励你，让你在感觉困难的时候能继续前进。有时，我们建议的策略可能很棘手，特别是坚持提问题，而不是给孩子安慰或试图为他解决问题，这可能很困难。一开始你可能会感到尴尬，但与另一个成年人练习这些对话，将帮助你准备好和孩子讨论这些事情。你的"伙伴"可以帮助你确定哪些问题效果好，语气是否正确，以及孩子是否会感到被理解和认真对待。

坚持下去

第二部分的最后一章是关于让孩子保持进步。我们希望读完这本书后，你会感到充满活力，并准备好开始解决孩子的困难。当你遇到第一个障碍时，感觉很可能会一落千丈。你可能会觉得自己失败了，觉得自己做得不对，觉得孩子永远不会恢复。我们必须要强调，如果克服孩子的问题很容易，你早就应该做到了。当孩子没有像你希望的那样取得进展，甚至似乎在倒退的时候，你必须准备好面对挫折。此外，孩子以某种方式思考、行动和感受已经有很长时间了，这不可能在一夜之间改变。但请记住，如果你遵循本书所描述的原则，就一定能帮助孩子控制这些恐惧和担忧。

因此，现在是时候迈出你的第一步了，请阅读帮助孩子克服恐惧和担忧的内容。

第七章

步骤 1：你的目标是什么？

在开始与孩子一起解决焦虑问题之前，重要的是想清楚你们想要达到什么目标，以及你希望孩子达到什么目标。制定明确的目标将有助于你保持正确的方向，关注最重要的事情。这也意味着你可以很容易地跟踪孩子的情况，了解他们取得了多大进步，并可以让你和孩子清楚地看到事情正在好转。

在这一章中，我们将帮助你制定一些明确、具体的短期、中期和长期目标，并帮助你决定首先关注什么。可能的话，最好与孩子一起制定目标，向孩子提问，让他们发挥主导作用。如果孩子有实现目标的动力，这将使你们的工作容易很多。尽量让谈话保持轻松和积极，重点关注孩子想要去做但现在不能做或觉得难做的事情。

然而，有时孩子并不想考虑目标，因为这意味着他们必须面对本可以回避的恐惧。这时，你需要带头为孩子制定目标。我们建议你从定一个小目标开始，这样孩子就能从尝试中得到积极的体验，而这将鼓励他们与你一起制定并努力实现其他更有雄心的目标。

如何制定目标？

制定目标时，记住两个要点：

专注于积极方面

你通常很容易想到不想让孩子做什么或有什么感觉（例如，我不希望孩子在上学时感到如此焦虑），但这种类型的目标并没有告诉你或孩子他们可以努力去实现什么，而且可能很难衡量。相比之下，如果你能明确自己想让孩子做些什么，事情就会简单很多。例如，萨拉的妈妈不希望萨拉看到蜘蛛时尖叫或跑开。当她考虑到她想让萨拉做些什么时，她设定的目标是，萨拉平静地看着父母从她的房间里清扫一只蜘蛛。

专注于行为

观察和衡量孩子的行为要比关注他们的感受容易得多。因此，制定目标时最好考虑，一旦孩子克服了目前的焦虑困难，他们将能够做什么。例如，穆罕默德的父母希望穆罕默德上楼时不要害怕。当他们考虑让穆罕默德做什么而不是感受什么时，他们设定的目标是让他能够独自在楼上玩耍半小时。

你可以问自己一些问题来思考可能的目标，这些问题将帮助你确定你想要做什么。

如果孩子不再焦虑，他会做什么此刻没有做的事情？

如果孩子没有焦虑问题，他会做什么不同的事情？

你希望发生哪些变化？

你希望孩子做什么他目前还没有做的事情？

孩子因为焦虑错过了什么？

孩子需要做什么，你才会认为他已经克服了焦虑？

　　我们建议你选择 1 到 3 个目标，关注那些能真正改变孩子生活的事情。然后，你需要一次努力实现一个目标。

　　那么，如何决定选择哪些目标呢？这里有一些问题可以帮助你做出决定：

　　①什么会对孩子的生活产生最大的影响？

　　莱拉的妈妈是这样想的："如果莱拉能在学校与朋友交谈，并邀请他们来家里，这将对她的学校和家庭生活产生很大的影响，并改善她的总体情绪。而如果莱拉能在学校食堂用午餐，这将对她的学校和家庭生活产生很小的影响。因此我们决定，我们的目标之一是让莱拉邀请她的朋友来家里。"

　　②如果我们摆脱了这个焦虑问题，其他问题会不会消失？

　　例如，如果孩子不那么担心他在学校的表现，他在早晨会不会更容易与你分开？

　　③一个焦虑问题会妨碍解决另一个问题吗？

　　在穆罕默德的案例中，他的父母说："如果穆罕默德仍担心和我分开，他就很难在聚会上交到朋友。因此我们决定，先解决分离焦虑的问题。"

④如果清单上的目标不止一个，哪个目标是最容易实现的？

有时，从最容易的目标开始是明智的，因为它能给你带来成就感和信心，以实现更大的目标。

你的目标 SMART 吗？

关于想让孩子做什么事情（他们目前没有做），以及首先想做什么事情，一旦你有了一个好的想法，下一步就是确保你的目标 SMART。SMART 的目标是具体的、可衡量的、可实现的、现实的，并且有时间范围。

SMART 的目标

它是否具体（Specific）？
孩子必须做什么，这一点很清楚吗？

它是否可衡量（Measurable）？
我是否可以很容易地衡量孩子是否做了这件事，以及做到了什么程度，或者我是否可以很容易地知道这件事什么时候完成了？

它是否可实现（Achievable）？
孩子是否能真正实现这一目标，是否有任何可能的障碍？

它是否现实（Realistic）？
这对孩子来说是一个现实的目标，他们能做到吗？

它是否有时间范围（Time frame）？

孩子能否在合理的时间内实现这一目标（我们建议制定一个最多在一两个月内就能实现的目标）？

请看下面的表格，其中的一些提问可以帮助你把一般目标变成 SMART 目标。

表 7-1 把一般目标变成 SMART 目标的提问

一般目标	提问	具体目标
在社交场合更加自信	如果他在社交场合更自信，他会做什么？	邀请一位朋友来我们家喝茶
更少担忧	如果他不那么担忧，他会做什么？	在我们说了晚安之后，能够独自睡觉，不再过来喊我们
在狗身边感到放松	如果他在狗身边感到放松，他能做什么？	当公园里有人遛狗时，让他和朋友们在那里玩一小时
更少焦虑	如果他不那么焦虑，他能做什么？	去爷爷奶奶家玩两小时

从小事做起！

你很可能想一下子解决一个大问题（例如，"我希望孩子能全天待在学校""我希望孩子下个月能参加学校的住宿旅行"），但我们建议你从小的、SMART 的目标开始，这样目标就不会遥不可及，而且很快就能看到进展。做到这一点的方法之一是，制定一些短期、中期和长期的目标。例如，短期目标是在未来 2 至 4 周内实现的目标，长期目标可能需要花 6 个月的时间来实现。如果你这样做了，就不会忽视希望孩子最终实现的目标，而且会"从小事做起"。

短期、中期和长期目标的例子

莱拉的目标

短期：在休息时间问老师问题。

中期：在全班同学面前问老师问题。

长期：在全校大会上大声朗读。

萨拉的目标

短期：能够平静地看着父母在她的房间里清扫蜘蛛。

中期：能够进入阁楼、车库和棚屋。

长期：能够用手握住一只活蜘蛛。

穆罕默德的目标

短期：能够在父母说晚安后躺在床上（父母可以不时地探望）。

中期：能够自己安顿下来睡觉。

长期：一个星期都能自己睡一整晚。

本的目标

短期：能够自己在楼上玩一个小时的电脑。

中期：能够在楼上待一个小时，需要时上下楼，不用别人陪他。

长期：能够独自在自己的房间里睡觉。

根据上面的建议，现在思考并写下你和孩子将要努力实现的目标（选择1至3个目标，并按优先顺序排列，即确定目标1、目标2和目标3）。

然后，你需要决定是否一开始就要帮助孩子制定短期、中期或长期目标。想想哪一个对孩子最有激励作用。有些孩子志存高远，只着眼于短期目标可能会让他们感到沮丧。然而，有些孩子可能会对长期目标不知所措，这或许会让他们彻底放弃。与孩子谈谈他们希望达到哪一个目标。

表7-2 你和孩子要努力实现的目标

	短期	中期	长期
目标1			
目标2			
目标3			

回顾进展

定期回顾你的目标是很重要的。这将帮助你保持专注，并确认你和孩子已经取得的进步。通常情况下，每周进行一次回顾是相当有用的。当父母回顾孩子的进步时，往往会感到非常惊讶，因为他们有时会忘记刚刚开始计划时有多么困难（"哇，我忘了孩子对狗如此焦虑，我们甚至不能在街上行走！"），或者可能没有意识到孩子已经取得了多大的进步（"我们几乎实现了第一个目标，当我们开始的时候，我真的认为这是不可能的！"）。我们建议你对所有目标的进展进行评估，即使你有可能一次只关注一个目标。我们发现，有时孩子会在其他目标上取得进展，即使这些目标不是主要焦点。

为了回顾你的每一个目标，请使用下面的 0—10 评级量表。

表 7-3　0—10 评级量表

0	1	2	3	4	5	6	7	8	9	10
没有进展										达到目标！

（0= 没有进展，10= 达到目标）

在后面几页，你会发现一套用来监测进展的量表。记得从开始执行计划时起，每周在表格中标出日期，每周回到这个量表，对你实现目标的进度进行评分。有时候，不仅要自己评分，还要让孩子、伴侣、其他亲戚和朋友评分。其他人有时会发现你可能忽视的进步，特别是当你专注于一个长期目标时（例如，"我真

的需要让孩子全天待在学校"）。在这本书中，我们会不断要求你
对孩子的进展进行评分。

监测进展

目标 1 _____

（你是用短期、中期还是长期目标？确保它是 SMART 的！）

开始日期： _____

评分：

0	1	2	3	4	5	6	7	8	9	10

没有进展   达到目标！

☹   ☺

（0= 没有进展，10= 达到目标）

第 1 周结束。日期： _____

评分：

0	1	2	3	4	5	6	7	8	9	10

没有进展   达到目标！

☹   ☺

（0= 没有进展，10= 达到目标）

第 2 周结束。日期：_____

评分：

0	1	2	3	4	5	6	7	8	9	10

没有进展　　　　　　　　　　　　　　　　　　　达到目标！

（0= 没有进展，10= 达到目标）

第 3 周结束。日期：_____

评分：

0	1	2	3	4	5	6	7	8	9	10

没有进展　　　　　　　　　　　　　　　　　　　达到目标！

（0= 没有进展，10= 达到目标）

第 4 周结束。日期：_____

评分：

0	1	2	3	4	5	6	7	8	9	10

没有进展　　　　　　　　　　　　　　　　　　　达到目标！

（0= 没有进展，10= 达到目标）

第 5 周结束。日期：_____

评分：

0	1	2	3	4	5	6	7	8	9	10

没有进展　　　　　　　　　　　　　　　　达到目标！

（0= 没有进展，10= 达到目标）

第 6 周结束。日期：_____

评分：

0	1	2	3	4	5	6	7	8	9	10

没有进展　　　　　　　　　　　　　　　　达到目标！

（0= 没有进展，10= 达到目标）

第 7 周结束。日期：_____

评分：

0	1	2	3	4	5	6	7	8	9	10

没有进展　　　　　　　　　　　　　　　　达到目标！

（0= 没有进展，10= 达到目标）

第 8 周结束。日期：＿＿＿＿＿＿＿＿＿＿

评分：

0	1	2	3	4	5	6	7	8	9	10

没有进展   达到目标！

（0＝没有进展，10＝达到目标）

第 9 周结束。日期：＿＿＿＿＿＿＿＿＿＿

评分：

0	1	2	3	4	5	6	7	8	9	10

没有进展   达到目标！

（0＝没有进展，10＝达到目标）

第 10 周结束。日期：＿＿＿＿＿＿＿＿＿＿

评分：

0	1	2	3	4	5	6	7	8	9	10

没有进展   达到目标！

（0＝没有进展，10＝达到目标）

然后，目标 2 和目标 3 重复以上步骤。

疑难解答

与孩子制定目标时遇到了困难

与孩子达成 SMART 目标时受挫可能有很多原因。以下是一些常见困难，以及如何克服这些困难的建议。

※ 1. 孩子对克服焦虑不感兴趣

如果是这种情况，你可以先为孩子设定目标，并尝试用本书后面列出的策略来实现这些目标。请从一个小目标开始，这样孩子就能获得实现目标的积极经验。然后，这可能会鼓励他们与你一起制定下一组目标。第九章讲述了如何利用表扬和奖励来激励孩子解决焦虑问题。

※ 2. 孩子的目标与我的目标不一致（或者伴侣的目标与我的目标不一致）

如果你和孩子或伴侣想要达成不同的目标，这可能会很棘手。正如我们所说的，你们可以有一个以上的目标，但最好优先考虑紧急的事情，而不是试图一下子解决所有问题。

一般来说，我们建议优先考虑孩子的目标，因为他们可能更有动力去做对他们来说重要的事情。然而，有时候你的目标需要凌驾于孩子的目标之上，例如，如果他们没有上学，你可能需要尽快解决这个问题，即使孩子不想去上学。在这种情况下，有两个目标是很有帮助的—— 一个是你自己设定的，另一个是孩子设定的，并同意对其付出同样的热情。

※3. 孩子有很多焦虑，我不知道从哪里开始

回顾一下"帮助你确定目标的问题"，试着帮自己决定从哪里开始。如果你还在犹豫不决，我们建议你从简单的事情做起。

※4. 孩子倾向于担忧各种事情，但他并不回避特定的情境或事物，所以很难制定专注于行为的目标

这是一个棘手的问题——患有广泛性焦虑症的孩子常常说，他们的目标是"少点儿担忧"。我们建议你问问自己或孩子：如果他们少点儿担忧，他们会去做什么现在没有做的事情？他们会不会更快入睡或在晚上不叫唤？他们会不会更多地与朋友一起玩，而不是自己坐在那里发愁？他们是否会在半小时内完成家庭作业，而不是花几个小时在这件事上以确保它绝对完美？

本章要点

> ※ 先制定目标。这将有助于你不偏离方向，并监测孩子的进展。
>
> ※ 确保你的目标 SMART。
>
> ※ 制定短期、中期和长期的目标。
>
> ※ 最多确定三个目标，并决定先完成哪一个。
>
> ※ 定期回顾你的目标，让自己有成就感，并请其他人也给它们评分。

第八章

步骤 2：孩子需要学习什么？

下一步是尝试确定孩子需要学习什么，并实现他们的目标。这将有助于你决定如何使用本书所述的策略来帮助孩子克服焦虑。弄清楚孩子需要学习什么可能是这些步骤中最重要的，所以请慢慢来，不要急于求成。孩子需要学习什么来克服特定的焦虑问题可能有很大的差异，在这个步骤中，关键是要有好奇心！保持开放的心态，放弃是非对错的观念。你只需要提问题，听孩子说什么，观察他们的行为，并记录下来。

如果孩子年龄很小（5岁或更小），或者似乎难以配合你做事，那么你可能会发现第十六章很有帮助，因为那一章的策略更适合年幼的孩子。

孩子的焦虑预期是什么？

焦虑的孩子似乎常常在"寻找"威胁，并对威胁"妄下结论"。

如果对正在发生的事情有一些不确定，他们可能就会预期有坏事要发生。在一些研究中，虽然我们没有发现焦虑的孩子以更关注威胁的方式来思考，但他们确实感觉自己没有能力处理面临的危险，而且与其他孩子相比，他们更可能试图回避这些情况或变得更加痛苦。

重要的是要充分了解孩子的恐惧或担忧是什么，了解他们预期会发生什么，以帮助你确定他们需要学习什么，这样他们就能够克服这些困难。

有些孩子很善于谈论关于他们的担忧或焦虑的想法，还有些孩子会一直谈论这些问题。然而，对有些孩子来说，谈论它们真的很困难，他们甚至不一定清楚自己在担忧什么。在下文中，我们将提供许多建议和提示，来帮助你解决这个问题。

提问——保持好奇

下面给出了一些问题的例子，你可以问这些问题来帮助孩子告诉你，他们担忧什么或者害怕什么。当你发现孩子感到焦虑的迹象时，请使用这些问题。

了解焦虑预期

问题示例：

"你为什么感到担忧？"

"你在害怕什么？"

"你认为会发生什么？"

"可能发生的最糟糕的事情是什么？"

"（这种情况）有什么让你担忧的？"

显然，这些问题并没有什么巧妙或神奇之处。然而，它们都包含了"什么"或"为什么"。这些被称为"开放式"问题。这些问题与所谓的"封闭式"问题不同，例如："你担心会受伤吗？""你担心狗会咬你吗？"对于封闭式问题，孩子只能给出"是"或"不是"的答案，这可能对你试图更好地理解他在想什么没有太大帮助。另一方面，开放式问题不会以这种方式限制回答，你可能会得到更多有用的信息。我们建议你尽可能地使用开放式问题。

获得最佳结果

你如何询问孩子的担忧，以及何时询问，这一点非常重要。下面是一些建议，可以让这个过程更容易、更成功。

让孩子感到被理解——共情

你提问题的方式应该传达给孩子这样的信息——你能看到他们的担心，你想更好地了解这一点，以便提供帮助。相反，问"你（到底）为什么担心"可能会使孩子更不愿意回答，因为这样传递了一个明确的信息，即在这种情况下，他们真的不应该担心，他们这样想是不好的或愚蠢的。使用"什么"而不是"为什么"是一个很好的起点。在提问题之前，你可以说："我可以看得出你感到担心（害怕），那一定很难受。"这传达了这样一个信息——你理解孩子的焦虑，你知道焦虑的感觉不好。为了告诉你他们的想法，孩子必须坚定地相信，你的询问是因为你想更好地理解他们的担忧，以便帮助他们。

让孩子感到正常——正常化

让孩子知道他们不是唯一感到焦虑的人，告诉他们："我记得我曾对 ×× 感到很焦虑。""我知道你有个朋友对 ×× 很焦虑。"或者只是说："很多孩子对不同的事情感到害怕和焦虑。这挺麻烦的，不是吗？"有焦虑困难的孩子经常说，他们觉得自己与众不同，他们认为自己是唯一感到焦虑的人。使用"正常化"的陈述帮助他们认识到其他人也会焦虑。

给出提示

有时候，孩子会说他们不知道。这可能使你很难继续提问，你和孩子都很容易感到沮丧。在这种情况下，我们会建议你给出一些提示："你是担心 ×× 会发生吗？""有些孩子担心 ×× 会发生，你也担心这个吗？"你还可以告诉孩子，在类似的情况下，哪些事情会让你担心，以此来鼓励他们。告诉孩子你不确定他们在担心什么也是有帮助的。有时候，一个纠正你的机会，可以让孩子更容易谈论恐惧。

以问题而不是陈述的方式进行提示总是很重要的，这样孩子就可以很容易地说"不"——那不是他们所担心的。不要假设你知道孩子的焦虑想法是什么。如果你对孩子的恐惧已经有了想法，那么就很容易对孩子告诉你的事情妄下结论。尽量不要说"我知道你在担心某件事"或"我知道你不想去学校，因为你害怕某件事会发生"之类的话，即使你确定是这样。

你要永远保持好奇心：孩子可能在想什么？会不会是别的什么原因？我是否漏掉了什么？还有其他的视角吗？

爸爸：本，你能上楼拿你的鞋子吗？

本：不行。

爸爸：是什么让你对上楼感到担心？（好奇）

本：我不想自己一个人去。

爸爸：那一定很可怕。（共情）你觉得你在楼上会发生什么？（好奇）

本：没有人和我一起在那里。

爸爸：那么你为什么担心呢？（好奇）

本：我不知道。

爸爸：我想，如果我必须自己上去，我可能会担心如果我摔倒了，没有人会扶我站起来。你担心的是这个吗？（正常化，提示）

本：不，不是这样。

爸爸：然后呢？（好奇）

本：好吧，我担心当我上楼时会有什么东西抓住我，而且没有人来帮助我。

爸爸：有什么特别的东西会来抓你吗？（好奇）

本：是的……你知道……怪物。

检查你是否真的理解了

为了确保你完全理解了孩子在担忧什么，你需要复述孩子的话，让他们有机会告诉你是否理解错了。

爸爸：好的，谢谢。我想我现在明白多了，但我能跟你确认一下吗？（检查理解）

本：嗯，好的。

爸爸：那么，一个人上楼最可怕的事情就是没有人陪着你。这很可怕，因为在电影中，你看到当父母不在身边时，怪物就会来找孩子。是这样吗？（检查理解）

本：是的，差不多。

爸爸：哦，不太对吗？

本：嗯，不只是他们的父母，任何人不在身边时都是如此。所以，如果萨姆和我在一起就没事，那样怪物就不会来了。

爸爸：哦，我明白了。所以，最主要的是，如果你一个人在楼上，你就认为怪物会来抓你？（检查理解）

本：是的，它会把我带到它的洞穴里，然后我就见不到你们了。

爸爸：我明白了。这听起来确实很可怕，你认为如果你自己上楼，怪物就会来抓你，然后你就再也见不到我们了。（共情）我想我现在真的理解了。你觉得我说得对吗？（检查理解）

本：对，没错。

我是不是把自己的想法灌输给孩子了？

你现在可能会想："等等，如果我对孩子进行各种提示，那不就是给孩子带来了一大堆新的烦恼吗？"我们的经验是，这种情况通常不会发生。相反，孩子有时会感到更放心——虽然他们有一些担忧，但没有你说的那种担忧！

选择时机

你在询问孩子焦虑预期的时机，可能会对结果产生很大影响。对一些孩子来说，一起坐下来谈谈他们的想法效果会很好。然而，对其他孩子来说，这可能很困难，他们可能试图避免交谈或拒绝交谈。如果是这种情况，试着在其他时间与孩子谈论他们的担忧——当他们觉得焦点不在自己身上时，比如当你在开车、遛狗、洗碗或做饭时。父母经常告诉我们，这些时间可以起到非常好的作用，特别是对年龄较大的孩子。另外，不要觉得你需要马上得到所有答案。如果你觉得孩子注意力不集中、感到生气或感到沮丧了，就停下来，下次或改天再试。

让它变得有趣或有意义

谈论焦虑的预期可能是件艰苦的工作，可怕甚至令人厌烦！重要的是要尝试让它对孩子更有吸引力，如果你能做到的话，让它变得有趣起来。对于年龄较小的孩子，你可以用玩偶、卡通人物、毛绒玩具或其他玩具来帮助你谈话（见第十六章）。帮助孩子做一个烦恼箱或记录簿来记录他们的想法——用他们喜欢的颜色来装饰。对于大一点儿的孩子，也许可以带他们去最喜欢的咖啡馆，在那里交谈。或者告诉孩子在谈完担忧之后，可以做一些他们喜欢的事——看一部喜欢的电影，吃一顿喜欢的晚餐，或玩一会儿电脑游戏。重要的是，要让孩子习惯于谈论焦虑的想法——这不是他们的一件苦差事，而是减轻焦虑的第一步。

孩子有时候很难描述他们的焦虑预期。有时候，这些想法会突然出现在我们的脑海中，以至我们几乎没有注意到它们。因此，在可能的情况下，尽量在孩子的想法产生时询问他们，而不是过了很久之后。另一方面，孩子可能知道自己在担心什么，但他们觉得很难告诉你，也许因为有其他人在场，这让他们感到难为情。这意味着你不能马上询问他们的想法，但尽量不要拖得太晚。

疑难解答

如果我不知道孩子在想什么，怎么办？

以下是你试图确定孩子的焦虑想法时遇到的一些常见问题，以及你可以尝试的解决办法。

※1. 事后再去询问时，孩子已经不记得自己在担心什么了

试着在事发时（他们真正担心或感到焦虑的情况下）询问他们，或者在事后不久询问他们。如果这不可行，试着让他们尽可能地在想象中回到那个情境，或者一起进行表演，看看他们能否回忆起自己焦虑的是什么。

※ 2. 孩子不告诉我他们在担心什么，也许是因为当时有很多人在场，他们不愿意谈论这件事

如果确实有难处，不要逼他们马上告诉你，等一会儿再说。请参阅"选择时机"一节，了解何时适合提起这个话题，并询问他们关于焦虑的问题。

※ 3. 当我问孩子在担心什么时，他们只是说"我不知道"

记得尝试"提问——保持好奇"一节中给出的所有问题。对有些孩子来说，问"你认为会发生什么"或"可能发生的最糟糕的事情是什么"，比问"你在担心什么"更容易回答。

如果你遇到困难，请参阅"给出提示"那一节，但记住"保持好奇"。下表可能会有所帮助——它显示了不同焦虑类型的孩子常见的焦虑预期，能给你一些主意，让你试探性地提示孩子。

表 8-1　不同焦虑类型的孩子的常见焦虑预期

焦虑类型	常见的焦虑预期
社交焦虑症	我会被人指责 人们会嘲笑我 没有人会喜欢我 没有人会陪我玩 我会在演出中说错台词，别人会看不起我 人们会认为我很愚蠢 如果我回答错了，大家会笑我 我不知道该说什么，会很尴尬 我会做一些愚蠢的事情，这真的很尴尬

分离性焦虑症	我妈妈会发生车祸 有人会在我睡觉时破门而入 我会迷路或被人带走 我的父母会得重病并去世 我在学校时会想念妈妈，我不知道怎么办 怪物会在天黑时进入我的房间
广泛性焦虑症	我会把工作做得很糟 我会考试不及格 我和朋友会闹翻 我会无法入睡，明天会很疲倦——我发现这很难应对 明天学校里可能会发生不好的事情 可能会发洪水，我们都会受伤或死亡 飞机可能会坠毁，我们可能都会死
特定恐惧症	狗会跳起来咬我 学校里有人会生病，我也会生病 打针会很疼，我会很烦躁 蜘蛛会爬遍我全身，这太可怕了

　　弄清孩子焦虑预期的另一个方法是观察他们的行为。注意他们因为焦虑而回避什么，或哪些情况让他们感到特别焦虑，这可以给你一些线索。请辨别其中有什么规律。

　　以下是一些你可以问自己的问题：

　　如果孩子不想去上学，他在哪一天最想回避？这是否涉及特定的课程或特定的活动？

孩子是否会避免某些特定的情境？例如，涉及与陌生人谈话的场面，可能会被人评判的情境，或者可能会看到狗的地方。看看你是否能注意到孩子焦虑行为背后的规律，并以此为基础做出温和的提示（见上文）。

※ 4. 孩子说他们并不担心任何特定的事情。他们只是有种焦虑的感觉，或者担心自己会焦虑，因为他们"不喜欢焦虑"

有些孩子只是担心自己会变得焦虑，然后无法应对。使用第72—73页方框中的问题来获得更多的信息，记住要"保持好奇"。例如："如果你有不好的感觉或变得焦虑，你认为会发生什么？"答案可能很简单：他们会感到焦虑，这将很可怕。如果是这样，那也没关系，这可能意味着，他们需要学习的是自己能够应对焦虑的感觉。

如果你不能确定孩子的具体担忧，这并不是世界末日。你仍可以使用本书中的观点，但重点应该是建立他们的信心，这样当他们感到有点儿焦虑时，就能够应对并逐步改变自己的行为。

※ 5. 孩子一直说他们不想谈论担忧，我想可能是因为谈论会让他们感到更焦虑

谈论担忧是发现孩子需要学习什么来克服焦虑的重要一步。请参阅第77页"让它变得有趣或有意义"一节。有些孩子需要大量鼓励来谈论担忧，而让它变得有趣是一个很好的方法。然而，如果你尽了最大努力，但他们仍然不想谈论，那么不如通过观察他们的行为，寻找规律来帮助你发现他们可能需要学习什么。

所以，孩子需要学习什么？

从根本上说，孩子需要知道他们的焦虑预期不太可能发生。如果发生了，他们可以做些什么，或者他们可以比自己想象中应对得更好。你的主要角色是支持孩子发展出不同的视角或观点，这样他们就不会再预期坏事要发生，或预期自己无法应对。这将有助于孩子对可能发生的事情持开放的态度。

重要的是要记住，有时孩子的焦虑预期是基于现实的，你可能会发现，通过检验，孩子所预期的坏事确实发生了，而且可能会再次发生。例如，他在课堂上给出了一个错误答案，大家都笑了，这让他感到不安，这是可以理解的。在这种情况下，重点是搞清楚如果它再次发生，孩子需要学习（或做）什么来应对和处理这种情境（见第十一章）。

为了弄清孩子对于焦虑的预期以及他们需要学习什么，首先在下一页的表格中写下你所关注的目标。在第二栏中，记下孩子在有关的挑战性情况下预期会发生什么。我们提供了一些例子来帮助你。

现在，你可以决定孩子需要学习什么来克服他们的焦虑问题。这将是打破原有认知的时刻。试着填写第三栏"孩子需要学习什么？"。这没有什么神奇或神秘之处，孩子只是需要了解除了他们的焦虑预期之外，还有其他事情可能会发生。

表 8-2 弄清孩子的焦虑预期以及他们要学习什么

目标	孩子预期会发生什么?	孩子需要学习什么?

以下是一些可能对你有帮助的问题:

• 孩子担心出现的结果是否真的很可能发生?

• 如果它发生了,是否会像他们想象的那样糟糕?

• 他们是否会比自己想象的更能应付局面?

下面的表格中有一些例子可以指导你。

表 8-3 填写示例

目标	我预期会发生什么?	我需要学习什么?
经常在课堂上提问	如果做错了事,我就会被责骂;老师会大喊大叫,变得生气	如果别人做错了事,会发生什么;如果别人做错了事,老师会做什么或说什么;如果别人确实做错了事,他们会如何应对

全天待在学校	我在学校时，我妈妈会受伤，不能来接我	别人在学校时，他们的妈妈可能会发生什么；妈妈会在哪里，她会做什么；如果妈妈不能来学校接孩子，她会做什么安排
上床睡觉时，不要反复跑来喊我们	我睡不着，明天会很累；我会在足球比赛中发挥失常，朋友会对我生气，我不会被选中	到底会发生什么，其他人会睡多久；别人在比赛中会表现如何，如果他们表现不好，他们的朋友会如何反应

希望现在你已经知道孩子需要学习什么来实现你所关注的目标了。如果你还没有完全弄明白，不要担心，这可能意味着你还没有弄清楚孩子预期会发生什么。你仍然可以在接下来的步骤中检验你最初的想法。在这个过程中，你可能会有一些新的发现，这将使孩子需要学习的东西更加清晰，或者表明他们需要学习的东西与你最初的想法不同——这完全没有问题。

本章要点

※ 问一些开放性的问题，以了解孩子的焦虑预期。

※ 检查你是否理解了，使孩子的焦虑正常化，并始终保持好奇！

※ 挑选时机，使谈论担忧变得有趣和有意义。

※ 根据孩子的焦虑预期来决定他需要学习什么。

第九章

步骤 3：鼓励孩子独立和勇敢尝试

希望读到这里，你已经知道孩子需要学习什么来克服他们的焦虑了。在讨论如何为此创造机会之前，我们将谈论一些可以使用的策略，以确保孩子愿意"勇敢尝试"，进入焦虑的情境中学习新事物，而不是回避他们的恐惧和担忧。

促进日常生活中的独立

我们以前谈到过，焦虑的孩子往往预期自己无法应对困难的情况，经常避免尝试新的、具有挑战性或会引起焦虑的事。我们还谈到了如何从经验中学习：挫折和不适总会过去；事情并不总是像我们所预期的那样；如果坚持尝试，就有可能克服挑战。为了让孩子知道这一点，他们需要有机会发展独立性，自力更生，以便了解他们能够应对并取得成功，即使第一次不是很顺利。

父母通常有充分的理由担心孩子可能无法应对困难的情况，因此很难放手让孩子去尝试具有挑战性的事，特别是如果孩子很容易感到不安。正如我们之前所说的，人们生来就会想保护自己的孩子，如果看见孩子遇到困难，便很难抵制帮助他们的强烈冲动。然而，不幸的是，如果我们过早地介入，可能会给孩子传递这样的信息："我认为你应付不了"，或者"你需要我的帮助"。相反，支持孩子去尝试挑战，可以让他们在日常生活中变得更加自信和独立。问问自己：你或其他人是否花费了大量精力，试图保护孩子或控制他们周围的世界，以防他们失败或变得痛苦？孩子是否从你那里了解到，你认为不好的事将要发生，而他们不能自己处理？

确定孩子可以尝试的活动

鼓励孩子独立的第一步是考虑孩子可以尝试的日常任务和活动。从日常活动开始，而不是从引发焦虑的活动开始，可能会很有帮助。虽然这些活动附带的情绪比较少，但它们会给孩子一种尝试新活动的总体感觉，并帮助他们感觉"长大了"，能够掌控自己。仔细想一想：你的孩子是否和同龄人一样独立？孩子是否依赖你为他们做一些实际上可以自主完成的事情（例如：洗澡、打包午餐、早上起床）？孩子可以开始做哪些他们现在没有做的事情？

以下是孩子在不同年龄阶段可以从事的一些日常活动。

表 9-1 适龄任务的例子

孩子的发展阶段	可以独立完成的任务
6—7 岁	刷牙 梳头 整理桌子 打扫自己的卧室 到公共区域取邮件 用吸尘器打扫房间 喂养宠物 穿外套和鞋子
8—10 岁	以上所有，加上： 倒垃圾 给植物浇水 照顾自己的菜园 在商店购物 准备一顿简单的饭菜（例如三明治） 会设置起床闹钟叫醒自己 整理床铺 准备早餐
11—12 岁	以上所有，加上： 照顾好个人财物 乘坐公共交通工具去短途旅行 计划安排家人某天外出的地方 在互联网上为家人查找一些信息

请确定孩子可以尝试的三种活动（可以是列表中的活动，也可以是你想到的其他活动）。在接下来的一周里，与孩子讨论如何尝试这些活动。

成功的秘诀

要想成功地鼓励孩子参与你所确定的独立活动，以下有一些可用的方法。

※ 1. 告诉孩子该做什么

如果孩子以前没有尝试过这个特定的活动，请示范每一个步骤，并检查孩子是否理解了该做什么，然后让他们试一试。

※ 2. 对孩子表现出信心

克制一下，让孩子大胆尝试！用你的肢体语言表达对他们的信心。即使他们没有全部完成，或者弄得有点儿乱，也要表扬他们的尝试行为，让他们知道你相信他们可以做到（他们只是需要多一点儿练习，或者做得不像你想要的那样好）。关于更多表扬孩子的技巧，参阅第92页。

※ 3. 奖励努力

如果孩子不愿意尝试，可以给他一点儿奖励作为鼓励。关于对孩子使用奖励的技巧，参阅第96—97页。

※4. 保持冷静

如果孩子感到不安，请保持冷静。让孩子知道，你理解当事情很难完成时，他们可能会烦躁或沮丧。但如果任务是可应对的，就鼓励他们继续尝试。如果当前任务明显太艰巨，就降低它的难度。

※5. 慢慢积累

如果孩子发现任务真的很难，就把它分解成小的步骤。让孩子完成较简单的步骤，也许能帮助他们开始更难的步骤。当孩子变得更加自信时，就减少对他们的帮助，直到他们能够独立完成所有任务。

※6. 给予选择

如果孩子抗拒尝试，不要放弃。提醒他们，你认为他们能做到！如果他们仍然拒绝，那就让他们选择如何或何时（而不是是否）完成任务（例如：你想做一个马麦酱三明治还是火腿三明治作为午餐？你想在什么时候洗澡？）。

※7. 分享你的经验

有时，孩子会对任务感到不知所措，并且非常沮丧或不安。这时，分享你自己学习新技能的经验是很有帮助的（例如：当我像你这么大时，我感觉第一次骑自行车真的很难。我发现一遍又一遍地练习很有帮助，让我爸爸推着我，直到我自己能做到为止）。

※8. 保持记录

完成下面的独立活动表，帮你和孩子注意并记住哪些活动起了作用。

表 9-2 孩子可以尝试的独立活动

独立活动	孩子何时尝试过这项活动？	我用了哪些成功的秘诀？	进行得怎么样？孩子做了什么？
1.			
2.			
3.			

改变孩子关于应对的信念

一定要表扬孩子的尝试或他们取得的任何成功。问问孩子，他们认为自己做得怎么样（"你觉得事情进展如何？""你觉得你做得怎么样？"）。通过这种方式，也促使孩子思考他们做了什么。这样做时，你将改变他们关于应对的信念（"是的，我真的做得很好""我做得很好，我不再需要你的帮助了，我可以自己完成"）。对孩子的应对能力做出评价（"哇，你在没有任何帮助的情况下做到了，太令人钦佩了！""我打赌很多与你同龄的孩子都做不到"）。

提醒自己孩子的表现有多好很重要，也许他们的应对能力比你想象的要好。

如果孩子已经很独立，怎么办？

有时我们会遇到一些焦虑的孩子，他们实际上很独立，父母似乎很难为他们找到新的活动。然而，只要仔细思考，我们几乎总是能够发现孩子可以做而目前没有做的事情。去做这些事可以帮助他们建立信念，即他们能够应对、可以自己完成、不需要别人插手。

鼓励勇敢尝试

现在，你已经帮助孩子在日常生活中更加独立了。我们希望孩子相信自己能够应对挑战，并完成任务。与此同时，你可以开始帮助孩子克服焦虑带来的困难。这将涉及为他们创造学习新知识的机会，从而帮助他们克服恐惧——以你在第八章中发现的内容为基础。为了学习关于恐惧情境的新知识，他们需要支持，以进入目前使他们感到焦虑的情境，并"面对自己的恐惧"，而不是逃避它们。

许多时候，回避可能是一种明智的策略。例如，如果莱拉认为向老师提问会让同学们看到她有多愚蠢，会让自己出丑或被嘲笑，那么她不想在课堂上发言就一点儿也不奇怪了。然而，问题在于，由于莱拉从不在课堂上发言，她根本没有机会弄清自己的焦虑预期是否属实。事实上，她的同学们可能根本不会在意，或者有些同学由于某些原因不友善，她也能够应对。莱拉需要向她的老师提问才能有这些发现。因此，减少回避和学会勇敢尝试，是学习新事物以克服焦虑的关键。下面一些策略将帮助你鼓励孩子这样去做。

关注和表扬

给予关注和表扬是影响孩子行为的有效方法。关注焦虑的行为是很容易的，如果孩子感到痛苦，你自然想要安慰他们，试着让他们平静下来。然而，危险在于，孩子会因为他们的焦虑行为而无意中得到很多关注。这可能会导致一个恶性循环，即孩子的焦虑行为得到过多关注，而非焦虑的、勇敢尝试的行为却在不经意间被忽视了。这就是本和他父母之间发生的事情，如下一页的图表所示（图9-1）。

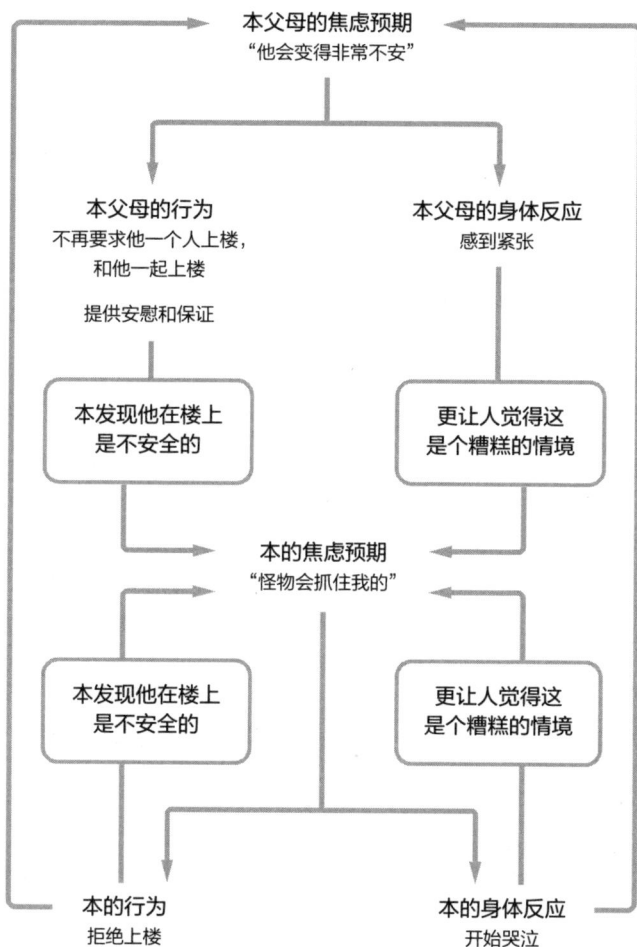

图 9-1 当关注点是回避而不是尝试时形成的循环

其他例子还包括：当一个孩子在学校遇到友谊问题时，他被问到"今天有人对你不好吗"，而不是关于在学校里过得怎样的更中性的问题，或者任何可能发生在孩子们之间更积极的事情；或者在睡觉前，孩子们经常想要谈论他们的担忧，并因此推迟上床睡觉。父母经常问我们在这个时候该怎么做。他们想帮助孩子解决担忧，但同样也不想花上几个小时！我们建议，在这种情况下，你要承认孩子的感受（"我知道这对你来说真的很难"），但也要限定谈论担忧的时间（"让我们早上留出10分钟来讨论这个问题"）（参见第十二章的使用"担忧时间"），然后继续做其他事情（例如，一起看书）。

请留心你对孩子焦虑行为的关注，例如谈论担忧、处理不良行为或失控情绪，以及你对孩子勇敢行为的关注和表扬。你可能需要改变这种"平衡"，更多地关注孩子面对恐惧的尝试，并利用一切机会表扬他们。例如，如果孩子在学校里有困难，父母可以养成习惯，让孩子每天不仅要告诉他们觉得有点儿困难的事情，还要告诉他们一件在学校里进展顺利的事情。

表扬需要明确而具体，以便孩子明白他到底做了什么让你如此高兴。试着把表扬聚焦于他们为实现目标所做的努力，以及他们在感到焦虑的情况下仍然勇敢尝试的事实——而不仅仅是成就本身。下面一页莱拉和她妈妈之间的对话就展示了明确而具体的表扬。

鼓励莱拉勇敢尝试

笼统而模糊:"做得好,莱拉。"

明确而具体:"莱拉,你今天早上起床准备去上学的时候表现得很好,没有变得不安。我知道你有时觉得星期一做事会很艰难,所以我真的为你起床后的表现感到骄傲!"

笼统而含糊:"你的老师告诉我,你今天表现很好。太好了!"

明确而具体:"你的老师告诉我,你今天在课堂上问了一个问题,莱拉。我敢说那是件很可怕的事,但你并没有因此止步。干得好!"

虽然这一切听起来很简单,但实际做起来却可能有点儿困难,因为这涉及留心和注意孩子的某些行为,而这些行为对其他孩子来说可能是理所当然的。例如,如你所知,本很担心自己一个人上楼。有时,本确实能快速上楼拿东西,然后再跑下来。他的行动是如此迅速,但也如此"正常"(按其他人的标准),所以通常不会被关注或表扬。一旦本的父母对这个行为有了更多了解,他们对表扬它还多了两个顾虑。首先,他们担心这可能会让本更清楚地意识到他在面临恐惧,这可能会使问题更加凸显,反而让他更不愿意去做。其次,本的兄弟们一直在楼梯上跑上跑下,他们并没有因此得到表扬,只对本进行表扬似乎不公平。

然而,本的父母"试着"注意到并表扬了本的努力。他们发现,表扬并没有让本更加意识到他有时也会上楼(并因此更紧张),相反,本很感激表扬,这似乎增强了他的信心,让他相信自己可以上楼而不会发生任何可怕的事情。本的兄弟们理解本上楼有困难，所以他们并不认为本被表扬有什么不公平。事实上，他们很快也开始表扬本。不久之后，每个兄弟都有了一些特别的事情要做（一个要按时起床上学，另一个要按时完成家庭作业），因此，每个男孩都开始因为自己独特的挑战而受到表扬。

奖励

除了表扬之外，给予奖励也是激励孩子尝试新挑战的有效方法——让他们知道你有多欣赏他们所做的事情，并鼓励他们继续这种行为。奖励并不需要高昂的代价，事实上，它们甚至不需要花钱。当要求孩子提出想要什么奖励时，我们经常被他们的答案所震惊。例如，本选择了"和父母一起去公园"，莱拉选择了"制作蛋糕"。

※ 1. 用一系列的奖励来奖赏不同的成就

你和孩子需要想出一系列的奖励来奖赏不同的目标。例如，如果你用一个大奖励来奖赏一个小目标，那么当孩子实现了一个大目标，你该怎么办？第97—98页的表格提供了一个空间，让你和孩子一起列出一个奖励清单。只写你们双方都同意的东西。例如，如果孩子讨厌看电影，就没必要把看电影作为奖励。同样，如果不太可能实现，把梦想的旅行当作奖励也没有意义！

※ 2. 即时奖励

尽量在孩子取得成就后立即给予他们奖励，这样他们就能清楚是因为什么赢得了奖励。如果孩子没有实现目标，那就不能给予奖励。若是孩子无论如何都能得到奖励，那他们费尽心思面对恐惧又有什么意义？一个可能不会奏效的奖励的例子是："如果你这学期每天都能准时到校，我们全家就在暑期一起去旅游。"

这不太可能强化孩子的"尝试"行为，第一个原因是承诺的奖励太遥远了。例如，这将意味着，他们可能已经面对恐惧整整一个星期，却似乎没有任何好事发生。孩子们很少能把如此遥远的奖励当作一种激励。第二，很可能在目标实现之前就需要计划度假，如果目标没有实现，也很难撤销计划。而且，这个奖赏也是一个非常大的奖励！如果孩子在未来有一个更大的目标，你该怎么办？最后，整个家庭的度假都取决于他的表现，这给孩子带来了极大的压力。可以理解，如果家庭度假被取消，兄弟姐妹们会非常恼火。这样做的后果对孩子来说可能是负面的。正如我们所讨论的那样，奖励应该作为意外收获。

奖励清单

牢记秘诀：

• 表扬要明确而具体。

• 要有一系列不同的奖励。

• 奖励不需要花很多钱。

• 确保你和孩子都同意这个奖励。

• 确保如果没有达到目标，你就不会给予奖励。

• 尽量在目标达成后立即给予奖励。

与孩子一起做的事情：

孩子会喜欢的其他事情：

※ 3. 给予奖励的问题

　　父母有时会对奖励孩子有所顾虑。下面列出了父母提出的一些常见担忧，以及我们对这些担忧的回应。

父母对给予奖励的担忧

1. 我不想贿赂孩子，让他去做我想让他做的事

　　有时，父母会觉得给予孩子奖励是在操纵孩子，他们觉得这是不对的。我们同意，如果孩子因为做某事而被"奖励"，这件事对父母而不是对孩子有利，那么这可能是不对的。然而，我们在此使用奖励是帮助孩子做一些特定的事情，这将使他们在未来受益。在莱拉看来，向老师提问只会带来不好的后果（比如在同学面前显得很傻）。然而，她的父母作为成年人能够明白，从

长远来看，如果她可以在同龄人面前畅所欲言，将对她的学习和社交都有好处。他们给予的奖励表明："我知道这对你来说很难，所以你做得很好。"奖励的承诺也使莱拉的天平发生了倾斜，因为除了能想象到的各种消极后果，现在她还能获得一些明显积极的东西，而且很快就能得到。

2. 如果我开始奖励这种行为，就不得不一直这么做

诚然，当你确定一种行为值得奖励时，你就要留意这种行为，以便你可以持续地奖励它。然而，正如我们上面所说的，奖励是用来帮助孩子做一些本来很难处理的事情。一旦这个任务变得简单（甚至乏味），就不再需要奖励了，这时应该把奖励转移到其他步骤上（见第十章）。结束对某一特定行为的奖励可以视作一个积极的事件，就像莱拉的妈妈对她说的那样："你现在很擅长在课后向老师寻求帮助，我不需要为此给你奖励了，但在课上寻求帮助肯定会得到奖励！"

3. 这对其他孩子不公平，在同样的情况下，他们却得不到奖励

正如我们在提到表扬时所说的，孩子们能够理解人们会因为不同的事情受到奖励，因为他们面临着不同的挑战。我们合作过的一个家庭有一个很棒的系统，在这个系统中，整个家庭都能获得奖励。每当他们中的任何一个人实现了特定的目标，就会把鹅卵石放在一个罐子里。当罐子装满之时，全家人就会有一个共同的奖励，比如家庭出游。

4. 为什么我要奖励正常行为？

尽管你希望看到的行为对许多孩子来说可能是正常的，但对你的孩子来说，这却是一件难事，他们需要帮助和鼓励。事实上，这种行为看起来越正常，孩子不能这样做可能就越感到不安，因为他们会觉得自己与众不同或怪异。奖励不仅可以激励孩子勇敢尝试，认可他们所取得的成绩，而且可以提高孩子的自尊。

观察他人的行为

正如我们在第一部分所讨论的，孩子学习做出某些行为的一个重要方式是观察他人。孩子经常模仿他人的行为，所以我们要注意自己的言行，并利用一切机会向孩子展示如何最好地处理恐惧和担忧。这并不一定意味着要掩盖恐惧和担忧，因为很难做到，而且似乎无论如何，孩子都能够敏锐地觉察到发生了什么。与其试图掩饰，不如让孩子知道你在焦虑或担忧什么（只要是适合孩子听的话题——例如，对求职面试或迟到的担忧可以分享，但对金钱的担忧或人际关系问题可能就不适合）。根据我们的经验，父母通常会让孩子知道他们对面试或工作表现的担忧，或者分享他们对狗的恐惧或其他特定的恐惧症。

如果你要去做一些令人焦虑的事情，我们鼓励你先和孩子谈谈这个问题。让他们知道你在担忧什么，但也要表明，即使感到焦虑，你也会全力以赴。勇于面对恐惧的榜样具有无穷的力量。毫无疑问，如果你期待孩子面对他们的恐惧，你也应该尝试做同样的事情。当你完成之后，让孩子知道情况如何。根据我们的经验，孩子往往会在你告诉他们之前就发问，因为他们对发生了什么很好奇。告诉孩子你学到了什么——是进展不顺利，还是比预期的好？如果情况很糟糕，你能应对吗？你对结果感到惊讶吗？你要再试一次吗，或者孩子能不能帮助你做一些解决问题的工作（第十一章），以便你决定接下来如何处理这个问题？

如果你经历的焦虑非常严重，以至觉得自己没有准备好面对恐惧，那么考虑在这种特定情况下，还有谁可以为孩子树立一个好榜样，以便他们能够看到对此种情境的不同（积极）反应。例如，如果你害怕牙医，在做牙科手术时无法抑制这种恐惧，那么想一下还有谁可以照顾孩子，并树立一个好榜样。确保孩子清楚这是你的担忧，而不是牙医造成的威胁。想要更多了解你在感到非常焦虑时如何帮助孩子，参阅第十四章。

观察他人的反应

孩子还可以从其他人的反应中学习如何表现。例如，萨拉的父母很清楚萨拉害怕蜘蛛。尽管他们俩都不太喜欢蜘蛛，但他们不希望在萨拉面前表现出任何恐惧，这样她就不会从他们身上得知蜘蛛是可怕的。然而（正如第五章所讨论的），萨拉一直在寻找各种信息来支持她的观点，即蜘蛛是可怕的。当附近有蜘蛛时，萨拉的父母就忍不住担心她会不安。萨拉注意到父母表情上的细微变化，并将其解释为确凿的证据，即确实应该回避蜘蛛。

有时，孩子的焦虑会让你感到担忧和沮丧。找到管理这些情绪的方法是很重要的，这样它们就不会干扰你和孩子的工作。第十四章特别关注如何管理你自己的焦虑，以最大限度地帮助孩子。

勇敢尝试！

现在，你已经准备好帮助孩子接受新的挑战，协助他们学习新的信息了，这将有助于他们克服恐惧。第十章将告诉你，如何以一种你和孩子都能接受的方式来做到这一点。

本章要点

※ 确定孩子可以独立完成的活动。

※ 鼓励孩子相信他们可以自己应对。

※ 承认孩子的焦虑情绪，但减少对焦虑行为的关注。

※ 密切关注孩子的尝试行为。

※ 表扬和奖励孩子的尝试行为。

※ 为孩子树立应对恐惧的好榜样。

第十章

步骤 4：循序渐进地克服焦虑

现在是时候帮助孩子接受新的挑战，以协助他们收集新的信息了，这将有助于他们克服焦虑。最终，他们需要做让自己感到焦虑的事情，以便了解实际上发生了什么，并发现自己的应对能力。简而言之，他们需要直面自己的恐惧！为了将本章描述的方法落实到位，请回顾你在第七章中确定的目标，以及在第八章中发现的孩子需要学习什么来克服恐惧。

学习面对恐惧

除非我们面对自己的恐惧，并收集关于焦虑预期的新信息，否则焦虑不会消失。如果总是回避或逃避所害怕的事情，我们就永远不知道会发生什么——事情是否真的像我们想象的那样糟糕，或者实际上我们可以应对。你应该记得上一章中发生在莱拉身上的事情，她在课堂上没有举手发言，因为她认为如果她向老师提问，同学们会认为她很愚蠢。

本章的主要观点是，通过面对恐惧，孩子会收集到新的信息。你的孩子，像莱拉一样，很可能发现自己的恐惧是没有根据的；抑或孩子了解到坏事确实发生了，但实际上他们可以应对，或者他们能够发展新技能来妥善处理。

循序渐进的方法

我们的自然反应是回避让自己感到焦虑的事情，所以面对恐惧并非易事。因此，对莱拉来说，在全班同学面前举手发言的念头是非常可怕的。如果我们只是告诉她去做这件事，她可能会变得很痛苦，不会听从我们的建议，而且可能会对减轻焦虑感到绝望。一个让人更容易面对恐惧的方法是，一步一步、循序渐进地朝目标前进。

采取循序渐进的方法来做一件困难的事情，这种想法通常是孩子们所熟悉的。例如，当我们和孩子谈论应该如何应对恐惧时，有些时候，他们会给我们很好的建议。下面的例子来自诊所里一位治疗师与孩子的对话。

治疗师：问题是，我真的不喜欢狗，它们让我感到非常害怕。但是我的好朋友有一只很大的狗，它经常吠叫，我真的很想去朋友家过夜。你认为我应该怎么办？我也可以绕过去，但它是一只大狗，我担心我会很害怕，不得不中途离开。你觉得我还能做些什么吗？

104

杰克：你为什么不先和一只小狗玩呢？

治疗师：这真是个好主意。我确实有另一个朋友养了一只小狗，它并不怎么叫，也许我应该先去看看这个朋友。然后，当我习惯了小狗，可能就不会那么害怕大狗了。

制订计划

和孩子一起制订一个清晰的循序渐进的计划，这将有助于你们专注于自己的目标。记住，在第七章，你已经确定了要和孩子一起努力实现的目标，并将这些目标按轻重缓急排序。你还确定了以短期、中期还是长期目标为起点。把这个确定的目标作为循序渐进计划的重点。

同样，通过创造性地展示计划——使用图形和颜色来装饰它——会使这个任务变得有趣，这将有助于孩子感觉自己参与了计划制订。首先，为你的计划创建结构。例如，这个计划可以简单地呈现为一个孩子爬梯子，或者火箭飞向月球（沿途停留在星星上，见图 10-1），或者火车沿着轨道行驶（不同的步骤被标记为通往最终目的地的车站）。听取孩子的建议，尽量充分利用他们的兴趣。下面的例子提供了一些想法。

终极目标

你和孩子需要制定若干步骤，迈向他们正在努力实现的主要目标，即"终极目标"。为了做到这一点，你首先需要明确终极目标是什么。正如上文所建议的，使用你在第七章中确定要努力实现的目标。

预期 步骤 奖励

5

4

3

2

1

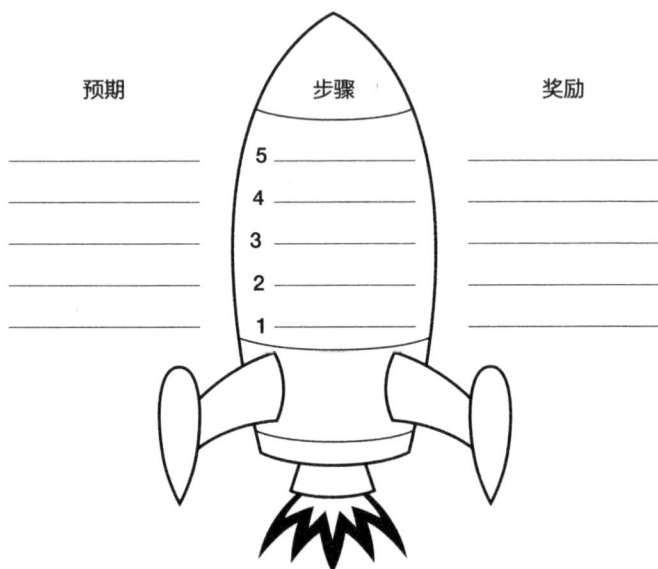

图 10-1 "火箭"示意图

终极目标

莱拉：在全班同学面前向老师提问。

穆罕默德：一整晚都睡在自己的房间里，至少坚持一个星期。

本：别人都在楼下的时候，我在楼上玩半个小时电脑。

萨拉：把一只活蜘蛛握在手里。

除了终极目标，你和孩子还需要决定"终极奖励"。在第九章，你和孩子列出了一份可能的奖励清单。现在是时候回到那份清单，找到一个与达到终极目标的重大成就相匹配的奖励了。把终极奖励和终极目标一起写在你的步骤计划上。

终极目标和终极奖励

莱拉
目标：在全班同学面前向老师提问。
奖励：和妈妈一起出去吃饭。

穆罕默德
目标：一整晚都睡在自己的房间里，至少坚持一个星期。
奖励：请三个朋友来过夜。

本
目标：别人都在楼下的时候，我在楼上玩半个小时电脑。
奖励：去主题公园一日游。

萨拉
目标：把一只活蜘蛛握在手里。
奖励：和朋友一起去看电影。

将终极目标分解成若干步骤

一旦你有了终极目标，你的任务就是把它分解成更小、更容易管理的步骤。这将逐步帮助孩子发现新的东西，学习新的信息，从而帮助他们克服焦虑，达到终极目标。想想孩子可以做些什么，来帮助他们逐步学习你在第八章（孩子需要学习什么？）中确定的东西。我们发现最好不要超过 10 个步骤（但你可以减少步骤），这样孩子就不会不堪重负，并能看到终点。从孩子在某个时候已经做过的步骤开始，也会很有帮助。如果孩子能够快速、轻松地迈出第一步，那么开始循序渐进的计划就会更容易。第 109 页的图表是莱拉循序渐进计划的一个例子。

正如我们所见，莱拉的每个步骤都让她有机会了解，当她在别人面前发言时会发生什么，看看她的焦虑预期是否准确，并朝着"在全班同学面前向老师提问"的终极目标迈进。这些步骤按照从最不容易到最容易引起焦虑的顺序排列。当孩子完成前一个步骤之后，再填写对下一个步骤的预期，因为完成的步骤很可能会改变他们对后续步骤的预期。

孩子觉得哪些情况最可怕并不总是显而易见的，所以询问他们的想法很重要。为了弄清楚如何安排这些步骤，请孩子评估在做每个步骤时有多焦虑，可以使用下面这个量表：

表 10-1　担忧（焦虑）量表

0	1	2	3	4	5	6	7	8	9	10
一点儿也不			有一点儿		一些		许多			非常多

使用第 110 页的表格，与孩子一起思考这些步骤，并让孩子评估他们在执行每个步骤时的焦虑程度。

步骤

终极目标

在全班同学面前
向老师提问。

6. 在全班同学
面前回答老师
提出的问题
（未计划答案）。

5. 在全班同学
面前回答老师
提出的问题
（事先计划好）。

4. 在小组中向
老师提问。

3. 在小组中回答
老师提出的问题
（未计划答案）。

2. 在小组中回答
老师提出的问题
（事先计划好）。

1. 下课后，
同学们都走了，
向老师提问。

奖励

终极奖励

外出吃大餐。

6. 放学后去
工艺品店。

5. 回家路上去咖
啡店坐一下。

4. 和妈妈一起
做蛋糕。

3. 选择一顿最
喜欢的晚餐。

2. 回家路上顺便
买一本杂志。

1. 得到妈妈的表扬。

预测
她可能认为这是
一个愚蠢的问题，
或者因为我在课后
问她问题而对我生气。

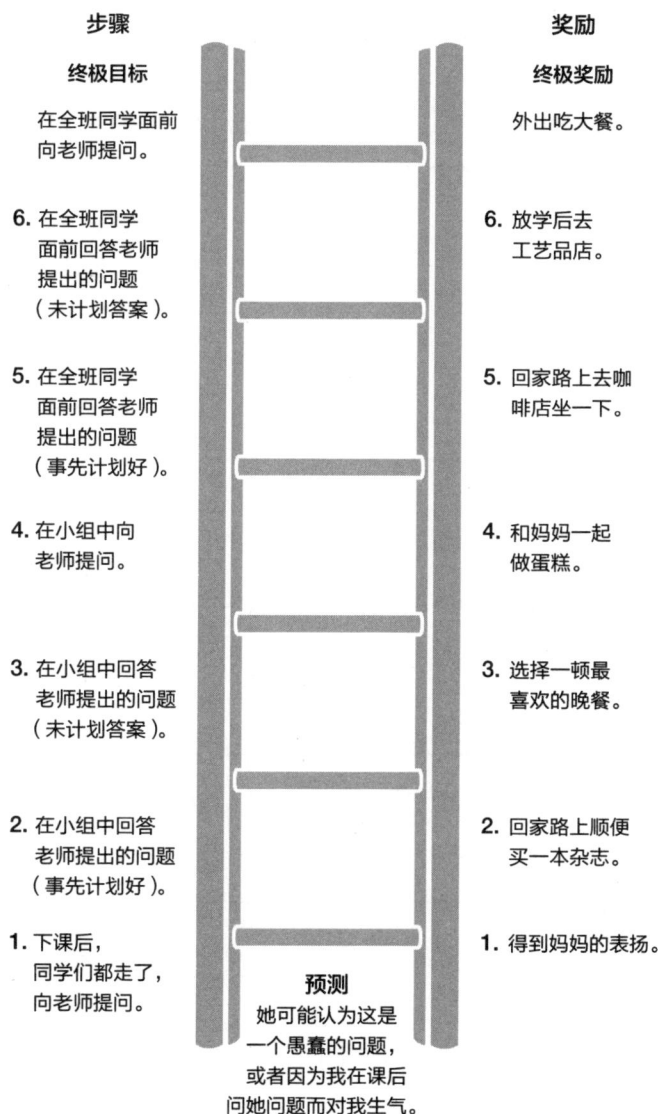

图 10-2 莱拉的循序渐进的计划

表 10-2 孩子在做每个步骤时感觉有多焦虑?

循序渐进计划中的步骤	孩子对这个步骤有多焦虑?

一旦孩子完成了这些任务，你就可以按照从最不焦虑到最焦虑的顺序，把它们添加到循序渐进的计划中，或者你可以参考第106页的"火箭"示意图。在接下来的几页中，我们可以看到萨拉和本的循序渐进的计划，以及每个步骤对应的奖励，这可能会给你自己的计划提供一些思路。

为每个步骤添加奖励

从一开始就明确所有步骤的奖励是很有帮助的，这样孩子就能清楚地看到他们为什么而努力，以及他们将会获得什么。请看萨拉和本的循序渐进计划（第112、114、115页）的例子。

对每个步骤做出预期

让孩子面对恐惧的主要原因是，他们可以收集新的信息，看看他们预期的事是否真的发生了，或者是否有其他事发生。因此，当你和孩子完成循序渐进计划中的一个步骤后，想一想他们学到了什么是至关重要的。我们发现，最好的方法是把每个步骤都当作一个实验。在孩子完成一个步骤之前，问他们："你认为会发生什么？"这有点儿像老师在孩子完成科学实验前问他们的问题。了解在这个特定情况下，孩子的预期是什么。记住，他们对计划中每个步骤的预期可能略有不同，所以检查这一点很重要。

此外，孩子可能对一个步骤有不止一个预期，这绝对没问题。事实上，这表明他们已经在考虑不同的可能性，而不是假设只会发生一件事。本质上，你希望知道他们的预期是什么，

步骤		奖励
终极目标		**终极奖励**
把一只活蜘蛛握在手里。		和朋友一起去看电影。
5. 在一米或更短的距离外,观察一只没有玻璃罩的活蜘蛛至少一分钟。		5. 制作蛋糕。
4. 在玻璃罩下观察一只活蜘蛛至少一分钟。		4. 和爸爸玩棋盘游戏。
3. 把一只死蜘蛛握在手里。		3. 从罐子里拿糖果。
2. 用放大镜看一只死蜘蛛。		2. 得到爸爸妈妈的表扬。
1. 看书中的蜘蛛图片。	**预测** 蜘蛛会看起来很恶心,我会有一种恶心的感觉,这会让我感觉很糟糕。	1. 得到爸爸妈妈的表扬。

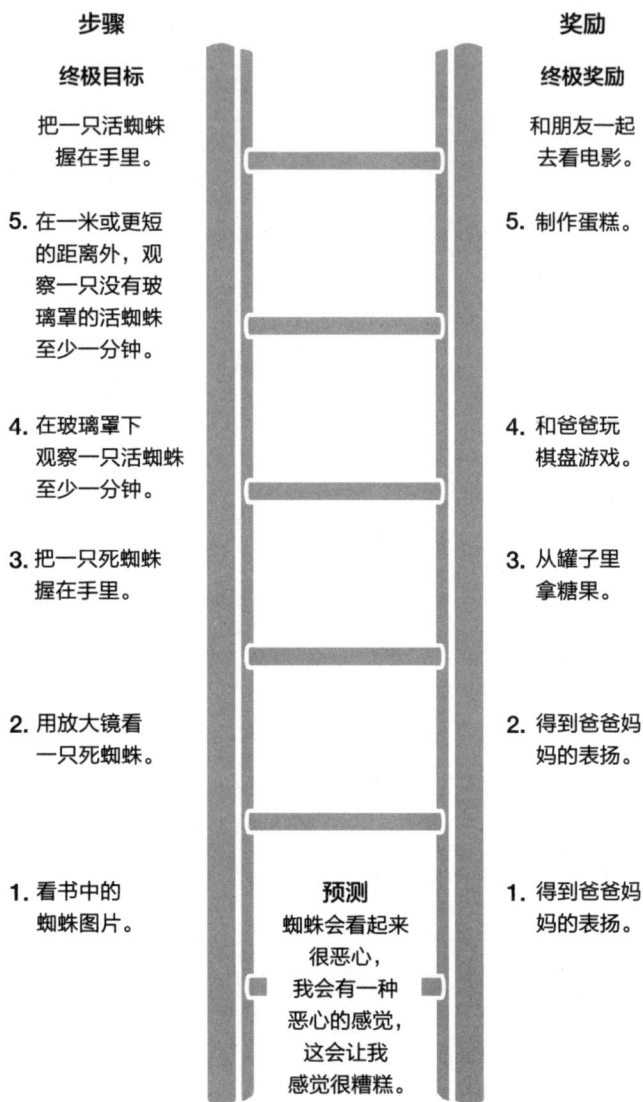

图 10-3 萨拉的循序渐进的计划

112

这样你就可以在"实验"后和他们一起回顾，帮助他们注意到自己的预期和实际发生的事情之间的差异，这样他们就可以学到新的东西。通过这种方式，你支持孩子质疑他们的焦虑预期，帮助他们考虑其他的可能性。你可以从莱拉循序渐进的计划中看到，她对第一个步骤（下课后问老师问题）的预期是："老师可能会认为这是一个愚蠢的问题，或者因为我在课后问她问题而对我生气。"

记住，只让孩子对他们所面临的那个步骤做出预期，而不是同时对所有步骤做出预期——这是因为他们在做这个步骤时可能会发现新的信息，而这很可能会影响他们对下一个步骤的预期。

将计划付诸实践

到目前为止，本章一直在讨论如何制订一个循序渐进的计划，现在是时候让孩子大胆尝试这个计划的第一步了。正如我们前面所提到的，从你知道孩子能够完成的步骤开始，例如他们以前可能做过一两次的事情，效果会很好。即使他们之前已经做过，给孩子表扬和鼓励也是必要的，这样他们就会感觉更有动力，并继续执行这个循序渐进的计划。

慢慢来

如果第一步特别顺利，孩子很可能会觉得准备好了，要通过这些步骤冲向终极目标。然而，我们鼓励你放慢脚步。重要的是，在进入下一步骤之前，让孩子对每个步骤都真正充满信心。急于求成可能会让孩子对他们没有准备好的步骤感到害怕，失去信心并想放弃整件事情。相反，我们希望看到孩子已经学会他们需要学习的东西，以便有足够的信心去尝试下一步骤。如果情况不是这样，可能需要再次尝试类似的步骤。孩子也许仍然对这个步骤感到不确定，但这种恐惧不会再是压倒性的。相反，它应该是可控的、可以继续循序渐进的计划。当然，你可能无法重复同样的奖励，但一定要继续表扬这一成就，也许可以提供一个象征性的奖励以示肯定。

表 10-3 本的循序渐进的计划

预期：_____ _____ _____	终极目标：在楼上玩半个小时电脑，妈妈在楼下。	终极奖励：主题公园一日游。
预期：_____ _____	第7步：在自己的卧室里读书或玩10分钟，妈妈在楼下的任何地方。	奖励：去滑冰。
预期：_____ _____	第6步：在自己的卧室里读书或玩5分钟，妈妈在楼下厨房里。	奖励：去游泳。
预期：_____ _____	第5步：在自己的卧室里读书或玩5分钟，妈妈在楼梯的底端。	奖励：请查理来喝茶。

预期：_____ _____ _____	第4步：在楼梯平台上读书5分钟，妈妈在楼下厨房里。	奖励：一本新书。
预期：_____ _____ _____	第3步：在楼梯平台上读书5分钟，妈妈在楼梯的底端。	奖励：选择一部电影看。
预期：_____ _____ _____	第2步：去楼梯的顶端，并登上平台，妈妈在楼梯的底端。	奖励：两张贴纸。
预期：我可能会伤到自己，这样我就会和妈妈分开了。	第1步：去楼梯的顶端，妈妈在楼梯的底端。	奖励：一张贴纸。

提前规划步骤

有些步骤需要提前周密计划。例如，莱拉的循序渐进计划包括老师问她一个事先设计的问题。显然，这里需要提前计划。所以，莱拉的妈妈约见老师，告知了她和莱拉正在进行的计划。莱拉的妈妈借此机会告诉老师她一直在使用的不同方法，特别是她发现的对莱拉帮助最大的方法。莱拉的老师很乐意参与这个计划，并同意在上课前与莱拉见面，一起决定她要问莱拉什么问题，以及莱拉应该给出什么答案。一旦老师意识到莱拉和她妈妈的努力，她也就能注意到莱拉在课堂发言方面的任何进步，并确保给莱拉一个眨眼或微笑。除了学校老师之外，试着让任何可能帮助和鼓励孩子的人都加入进来，例如，家庭成员、社团领导者和朋友。孩子得到的表扬和支持越多，他们对自己的成就就会越满意。

回顾每个步骤

在孩子完成一个步骤后，检查到底发生了什么是非常重要的。结果与孩子所预期的一样还是不同？他们学到了什么？通过问这些问题，你鼓励他们保持好奇心，发现新的信息，注意他们的预期与实际发生的情况之间的差异，并开始以不同的方式思考问题。这样，孩子就可以顺利地学习他们需要学习的东西，以克服自己的焦虑。

在孩子完成一个步骤后，问他们一些有用的问题

1. 发生了什么？

2. 和你想的一样吗？你的预期成真了吗？

3. 是否发生了其他事情？那是什么？你感到惊讶吗？

4. 你是如何应对的？（你是否惊讶于你能很好地执行这个步骤？）

5. 你从这个步骤中学到了什么？

以下是莱拉完成第一个步骤后和她妈妈的对话：

妈妈：怎么样？你问老师问题了吗？

莱拉：是的，我做到了！

妈妈：太棒了，你很勇敢，完成了这一步。然后发生了什么？

莱拉：她回答了！

妈妈：你还记得你的预期是什么吗？

莱拉：是的，她会认为我的问题很愚蠢，会对我生气。

妈妈：这件事发生了吗？

莱拉：我不太清楚，但她看起来很友好，对我很感兴趣。她绝对没有生气。她满面笑容。

妈妈：嗯，这很有趣，不是吗？你从这件事中学到了什么？

莱拉：不确定，我想我能应对。

妈妈：是的，太好了。还有别的什么吗？

莱拉：也许每次我问问题的时候，人们没有那么讨厌我。

妈妈：是的，很有道理。

　　我们建议你记录孩子通过循序渐进的计划取得的进步，并记录孩子在每个步骤之后学到了什么（见下一页的表格）。你也可以写下你用来鼓励孩子勇敢尝试的策略（第九章）。将孩子到目前为止所学到的东西，与你在第八章中指出的他们需要学习的东西进行比较。留意孩子学到了多少，还需要学习些什么。之前你可能不确定他们需要学习什么，也不确定自己的想法对不对，那么在使用循序渐进的计划的过程中，你或许会有一些新的发现。如果目前的步骤让孩子没有机会了解自己的焦虑预期，你可能需要增加一些额外的步骤。

表 10-4 通过循序渐进的计划来追踪孩子的进步

日期 / 时间	孩子尝试了哪个步骤?	我用什么策略来鼓励孩子勇敢尝试	情况怎么样?孩子做了什么?	他们学到了什么?

例如，本已经完成了他的循序渐进计划中的所有步骤。虽然他和父母都很高兴，但本仍然担心自己一个人上楼（尽管他现在可以独自在卧室里待上半小时）。当本的父母进一步询问他的担忧，并问他认为会发生什么时，他说仍然担心怪物可能在卫生间。他说他玩电脑时非常安静，所以怪物不知道他在那里，但他不能去卫生间，因为他害怕看到怪物。本和他的父母决定设计一个新的循序渐进的计划，这一次试图纳入一些步骤，以便帮助本收集关于怪物是否在卫生间的新信息。他的终极目标是夜里独自上卫生间，通过一系列的分级步骤，包括一个人待在卫生间的时间越来越长（从 10 秒到 5 分钟），最终实现目标。

安全行为

安全行为是指孩子为了让自己有足够的安全感去面对恐惧而做的事情（详见第五章）。这些事情可以是确保他们不是孤单一人，有一个特定的对象陪伴；或者是他们以某种方式隐藏起来，例如本在楼上非常安静地玩电脑，这样怪物就听不到他的声音。安全行为很常见，可以帮助孩子应对新的或可能引起焦虑的情境，例如在外过夜或学校郊游时带一个最喜欢的玩具。然而，如果过于依赖安全行为，就会阻碍孩子了解他们其实可以应对某种情境——他们会认为自己能够应对，只是因为有安全行为。请留心孩子可能采取的安全行为。例如，虽然在口袋里放一个最喜欢的玩具，可能会帮助孩子第一次面对恐惧，但要确保他们不会依赖这个玩具。

如果孩子确实使用了一种或多种安全行为，你可以利用循序渐进的计划来鼓励他们逐渐放弃这些行为。例如，他们可以把计划中的每个步骤做两遍：先在采取安全行为的情况下做一遍，然后在不采取安全行为的情况下再做一遍。

安全行为的例子

- 轻声说话或不说话。
- 上课时低着头。
- 小口喝一瓶水。
- 带一个特别的玩具去学校。
- 在妈妈离开前总是对她说"再见，我爱你"。
- 要求保证一切都安然无恙。
- 多次检查书包。

疑难解答

※1. 当我试着让孩子做这个步骤时，他们变得非常苦恼和焦虑

问问孩子是什么让他们感到焦虑，他们认为会发生什么。如果他们非常担心有不好的事情发生，那么在完成这个步骤之前，你可以让他们考虑一下其他的可能性，以帮助他们减少一点儿焦虑。例如：

莱拉担心如果她问老师问题，老师会对她生气，认为她很愚

蠢。莱拉的妈妈问她，是否认为可能会有其他事情发生。莱拉不确定。妈妈问，当班上其他孩子向老师提问时，发生了什么。莱拉想起来，她的朋友在前一天问了一个问题，老师似乎对她很友好，没有生气。

询问孩子还可能会发生什么，可以让他们面对自己的恐惧，并勇敢尝试这个步骤。以下是一些你可以使用的问题：

（1）你以前做这件事的时候发生了什么？

（2）你的朋友在这种情况下发生了什么？

（3）还可能会发生别的什么？

另外，也可能是这个步骤的某个方面对孩子来说太棘手了。让他们用第108页的量表重新评估自己的焦虑程度，看看它是否真的比自己最初想象的要高。如果是这样的话，试着把这个步骤分解成更小的步骤，修改这个计划，先完成较容易的步骤。例如：

萨拉的第一个步骤是看蜘蛛图片，这让她非常不安。当妈妈问萨拉为什么不安时，她说卡通图片勉强能接受，但她没办法看蜘蛛的照片，因为她担心会做噩梦。于是，他们决定把看图片分成几个步骤，第一步是看卡通图片，然后选择几张看起来可以应对的照片，最后再看全套的蜘蛛照片。

※ 2. 孩子拒绝做这个步骤

问问孩子，他们能不能说说拒绝的理由，他们认为这样做会发生什么。和第一点一样，你可以用列举出来的问题让他们想想还可能会发生什么，这也许有助于他们大胆尝试这个步骤。

或者，请他们用量表重新评价自己的焦虑程度，看看结果是否比他们最初想象的要高。如果是这样的话，请选择一个不同的步骤，或者把它分解成更小的步骤，这将有助于他们更有信心地迈向最初的步骤。

如果孩子评估出他们的焦虑程度相对较低，可能只是他们没有动力或没有兴趣去面对恐惧。请回顾第九章的策略：如何鼓励孩子更加独立，并勇敢尝试。

你还应该考虑孩子是否有动力去完成这些目标，你能帮助他们变得更有动力吗？请考虑提供不同的奖励。最后，如果孩子仍然拒绝完成这个或其他步骤，你可能需要重新审视你的目标。你是从一个中期或长期的目标开始的吗？如果是的话，你可能需要先关注一个短期目标，这样对孩子来说更容易管理，也更容易被激励。

※ 3. 孩子在被要求完成这个步骤时发脾气

有时孩子会在感到焦虑时发脾气，这可能是表达焦虑的另一种方式，此时请参照前面第一点中的策略。有时孩子发脾气只是因为他们不想做某事，与他们的焦虑程度无关。如果是这种情况，请回顾第九章中的策略：考虑提供一个不同的奖励，或者让他们选择尝试哪个步骤。

※ 4. 孩子在尝试某个步骤时感到痛苦，我"当下"该怎么办？

当孩子感到痛苦时，你很难知道该怎么做，也许会感到很纠结。你可能会允许他们就此打住，因为你知道这将直接减少他们的焦虑，但你又想鼓励他们继续，因为你可以看到他们面对恐惧的好处。

我们建议你尝试以下方法：

• 承认孩子的痛苦——"我看得出你很焦虑或害怕，那一定很可怕，很艰难。"

• 鼓励他们继续面对恐惧——"你真的在努力面对恐惧，你真的很勇敢，继续加油！"

• 让孩子知道你相信他们能做到——"你能做到，想想你以前是怎么做的，我知道你能做到。"

• 让孩子想一想，如果他们完成了这一步，他们会有什么感觉，并提醒他们有什么奖励——"想想看，如果你做到了，你会有多高兴。""记住，如果你做到了，我们就去看电影。"

• 如果孩子仍然感到痛苦，尽量不要对这个痛苦做出反应（或对这种行为给予关注），继续表现你对孩子能够应对的信心——"我现在要去厨房了，如果需要我就告诉我。""我现在要去工作了，去操场找你的朋友吧。"

※ 5. 如果孩子在试图完成这个步骤时出现了惊恐发作或焦虑的身体症状，我该怎么办？

• 如果孩子呼吸很急促或过度换气，鼓励他们尽可能正常地呼吸。给孩子传达这样的信息：没关系，这些感觉并不危险，会过去的，不会带来伤害。

• 关注孩子的呼吸或其他身体症状有时会使情况变得更糟。

帮助他们专注于其他事情，让他们倾听周围的声音，发现周围的颜色，并要求他们对自己或他人说出来。

• 关于处理不愉快的身体症状的更多信息，参见第十三章。

何时收工？

有时孩子会发现自己很难面对恐惧，他们可能会变得非常痛苦。因此，有时你需要适可而止。如果你要停止尝试某个步骤，重要的是不要让孩子将此视作失败。请记住，我们都有糟糕的一天！换个日子再试试，也许孩子会没有那么累，或者更有动力去尝试。这一步可能走得太快了。为此承担一些责任，比如："我很抱歉，看来我们搞错了，我们需要先做另一个步骤。不要担心。当我们准备好了，再来做这个步骤。"

计划外的实验

我们已经讨论过鼓励孩子使用循序渐进的计划来面对他们的恐惧。有时，你可能也会发现，孩子有机会以一种更自发的方式来面对恐惧。下面是一些可能出现的机会的例子（当然，它们也可以是循序渐进的计划的一部分）。

1. 度假时在公园里和狗狗玩耍。

2. 问老师家庭作业是什么，因为我忘记了。

3. 在咖啡馆里买些东西。

4. 和朋友及他的妈妈一起游泳，因为我的妈妈去商店购物了。

和循序渐进的计划一样，如果有这个机会，和孩子一起检查他们认为这样做会发生什么，他们的预期是什么。如果可以的话，请提供奖励（你可能需要临场发挥）。确保事后也检查一下发生了什么，孩子学到了什么。任何检验焦虑预期的机会，都有可能对孩子的焦虑产生影响，所以只要你能抓住这些机会，就尽量使用它们。

本章要点

※ 面对恐惧可以让孩子收集到关于焦虑预期的新信息。

※ 帮助孩子逐步面对恐惧。

※ 和孩子一起制订一个循序渐进的计划。

※ 对每个步骤做出预期，并在事后回顾这些预期。

※ 对每个步骤进行奖励。

※ 使用计划外的实验。

※ 记录每个步骤／实验的结果，以及孩子学到的东西。

第十一章

步骤 5：学习解决问题

　　到目前为止，我们的重点一直是帮助孩子收集新的信息，使他们学习自己所需要的东西，以克服自身的焦虑。为了做到这一点，你鼓励他们以循序渐进的计划面对自己的恐惧。孩子可能已经开始了解到，他们的焦虑预期并不总是发生，或者他们能够比自己想象的更好地应对。

　　然而，有时候，孩子有充分的理由认为会有坏事发生——他们预期发生的事情实际上很有可能发生。例如，一个被欺凌的孩子每天对上学感到紧张，这是可以理解的。

　　这是一种真正的困难经历，是一个现实问题。在这种情况下，孩子感到焦虑是完全可以理解的，而问题需要得到解决。你可能会发现，当同样的事情发生在你认识的其他孩子身上时，这些孩子的反应截然不同。事实上，孩子的焦虑程度与他们对自己解决问题的信心有关。焦虑的孩子更有可能认为他们无法应对某种情况，会想出能让自己尽快摆脱这种情境的解决方案（而不是想出能阻止这种问题再次发生的解决方案）。我们希望帮助孩子认识到什么时候遇到了"现实问题"，并对解决这个问题充满信心。

何时需要解决问题？

如果孩子在现实生活中面临威胁或问题，解决问题是必要的。例如，如果孩子在数学学习方面有困难，他们很可能会担心自己在数学考试中表现不佳。这时，解决问题的方法可能比简单地要求孩子面对他们的恐惧更有帮助。如果孩子去做数学测试，看看会发生什么，这可能会导致孩子非常痛苦，并对结果感到焦虑或不安。他们当然需要在某个时刻面对自己的恐惧，需要参加数学考试，但如果他们先想出了解决困难的方法，可能就会感觉自己更有能力。

欺凌是另一个可以用解决问题的方法来处理的现实问题。如果这与你的孩子有关，请阅读第二十章，因为如果你的孩子被欺负，我们会建议采取其他特别的行动。

解决问题可能有用的另一种情况是，当你和孩子通过循序渐进的计划收集了关于恐惧的信息后，孩子得出结论，他担心的情况不太可能发生，但仍有可能发生（例如，有人闯进你的房子）。这可能会使他们一直不愿面对恐惧，从而使焦虑持续存在，至少在某种程度上是这样。孩子们有时会说："我知道 ×× 不太可能发生，但万一发生了呢？"解决问题可以帮助孩子想出如何处理这种情形。有时，制订一个处理不太可能发生但令人恐惧的情况的计划，可以帮助孩子感觉对局面更有控制力，从而帮助他们进一步减少焦虑。

如果孩子执行循序渐进计划中的某个步骤，需要做一些提前安排，那么解决问题的方法也可能是有用的。例如，萨拉的一个步骤是在放大镜下看一只死蜘蛛，但萨拉既没有死蜘蛛，也没有放大镜！萨拉和父亲没有因此放弃做这个步骤，而是用解决问题的方法来解决这个难题。

让孩子成为独立的问题解决者——
提问题而不是给答案

当孩子焦虑的时候，父母很容易试图为他们解决问题。毕竟，作为父母，我们希望尽己所能阻止孩子变得不安。但是，如果你的孩子要树立信心——无论你在不在那里，问题都能得到解决，他们就需要学习如何自己解决问题。这并不意味着孩子不能向别人求助。寻求帮助是解决许多问题的一个好策略（而且往往是必要的，例如，在欺凌的情况下），但是孩子有责任考虑其他的解决方案，并做出最佳的决策。出于这个原因，正如我们在第八章（孩子需要学习什么？）中所建议的，当你使用解决问题的方法时，最重要的是向孩子提问题而不是给答案。

循序渐进地解决问题

成为一个独立而有效的问题解决者，需要一系列的步骤。我们描述的步骤对你来说可能很熟悉，因为许多成年人在面临问题时都会自动使用这些步骤。这些步骤如下：

1. 弄清楚问题是什么。

2. 想出尽可能多的解决方案。

3. 考虑每个可能的解决方案有什么后果，并决定哪一个是最好的。

4. 做出决定并开始行动！

5. 回顾它是如何进行的，如果有必要，可以尝试其他方法。

遵循这些步骤将帮助孩子弄清楚，他们需要做什么来发展这项新技能。最终，这些步骤将成为你和孩子的第二天性。没有必要一个接一个地完成这些步骤，但是为了达到这个阶段，我们鼓励你坚持使用这些步骤，直到以这种方式解决问题成为一种习惯。

在本章的末尾，你会发现一个可以填写的解决问题的表格，这将指导你和孩子完成这些步骤。我们希望你使用这个表格，并将孩子解决问题的尝试记录下来，因为：（1）写下来会使事情变得简单，这样要记住的东西就会更少；（2）可以使孩子完全清楚你正在进行的过程；（3）如果将来发生同样的问题，孩子可以回顾这个表格，看看能做些什么。

问题是什么？

这似乎是显而易见的，第一步是找出问题所在。让孩子完全清楚这一点的唯一方法，就是让他们向你描述这个问题。不要假设自己知道问题是什么。当孩子告诉你的时候，请复述给他们听，以检查你是否理解了。无论你是否认为这是真正的原因，它显然让孩子感到很担忧，所以值得你去理解，但你应该与孩子进行讨论。我们想让孩子明白——是的，我可以看到你很担心，有一个问题需要解决。那么，这个问题该怎么解决呢？

下面是莱拉和她妈妈在代课老师来教室的前一天晚上的对话，可以作为示例。

妈妈：莱拉，你最近上学似乎开心多了，但现在又说不想去。有什么事困扰你吗？

莱拉：明天我们会有一个代课老师要来。

妈妈：那你担心什么呢？（提问题）

莱拉：他可能是我们以前没有见过的人，所以他不知道我觉得数学真的很难。如果我回答不了问题，他可能会生气。

妈妈：我明白了——所以你担心他会认为，如果你答错了题，那一定是因为你不够专心或其他原因，而不是因为你觉得这道题很难？（检查理解）

莱拉：是的。

妈妈：这听起来像是你以前检验过的情况。我记得你在课堂上问了一个问题，最后，你感觉结果可能没有你担心的那么糟糕。（提醒以前学过的东西）

莱拉：我知道老师可能不会问我问题，即使他问了，我也不一定会答错，即使我错了，他也不一定会认为我愚蠢。但我还是忍不住想如果真的发生了这种情况怎么办。

妈妈：嗯，这听起来确实是个棘手的情况。让我们想一想，

看看能不能想出什么办法来解决这个问题。（表示理解，做出解决问题的提议）

尽可能多的解决方案

孩子可能会觉得很难想出解决问题的办法，毕竟也许直到现在，他们都在避免处理问题，或者这些问题早已被他们束之高阁了。不管是什么原因，这一步都是为了帮助孩子养成寻找解决方案的习惯。在这个时候，你不应该关心解决方案是什么，或者它们是否有效，你只管发现解决方案，越多越好！任何解决方案都值得表扬，每个想法都值得认真对待。事实上，孩子正在尝试思考如何克服问题和焦虑，这是积极而重要的一步。

如果孩子真的想不出任何解决方案，那么你可能需要给予温和的提示。但是，像以前一样，试着提出问题，而不是给出答案或解决方案。例如："别人在这种情况下会怎么做？""以前发生这种情况时，你还记得当时做了什么吗？""如果朋友遇到这种问题，你会给他们什么建议？"或者如果需要的话，可以说："我知道有人遇到这个问题，他们做了……你认为你可以那样做吗？"

下面是莱拉和她妈妈的对话，她们试图想出尽可能多的解决方案，来解决莱拉遇到代课老师的问题，因为代课老师不知道她在数学上有困难。如果孩子仍然很难想出办法，你可以做出一些提示。但是，在真正陷入困境之前，请不要这样做。正如我们在前几章中所说，如果你真的要做出提示，请确保这些提示是试探性的，并且以问题的形式出现（例如："也许你可以做××，你

131

觉得呢？""做 × × 怎么样？"），而不是以陈述句出现（例如：
"去做 × ×"）。

菜拉：我不知道我能做什么——除了待在家里！（面露喜色！）

妈妈：好的。这是一个解决方案。做得很好。我们还能想出什么其他的解决方案？（表扬，提问题）

菜拉：给我的学校来一场暴风雪，这样学校明天就不能开学了。

妈妈：是的。好。（笑）你还能做什么？（表扬，提问题）

菜拉：我不知道。

妈妈：那你的朋友简呢？她在英语方面有点儿困难，不是吗？如果有代课老师来，她会怎么做？（试探性提示）

菜拉：她在学校做了评估，所有的老师都知道她需要帮助。

妈妈：好的。所以，让老师提前知道可能会有帮助。我们可以怎么做呢？（提问题）

菜拉：你可以写张便条。

妈妈：这是个好主意。或者你能做点儿什么吗？比如在开始上课的时候？（表扬，提问题）

菜拉：我可以告诉老师。

妈妈：太好了。又是一个好主意。做得很好。（表扬）

哪个是最好的解决方案？

孩子需要学习如何选出最好的那个解决方案。为了做到这一点，他们需要考虑：（1）使用这个解决方案会发生什么（在长期和短期内);(2)这个解决方案的实用性(或可行性)如何。当你认真对待孩子提出的所有解决方案时,要逐一检查他们所有的想法(甚至是那些看起来愚蠢的想法),看看会发生什么,以及这个解决方案是否可行。再说一次,提问题,不要给答案。下面给出了一些示例问题,让孩子思考每个解决方案的后果。

哪个是最好的解决方案?

问题示例:

"如果你做了××会发生什么?"

"最后会发生什么?"

"你(对这种情况)的感觉会有什么变化?"

同样,孩子可能不习惯以这种方式思考。在这种情况下,你可能需要再次温和地提示孩子。和以前一样,尝试坚持提问题而不是给答案,以帮助孩子自己思考这个问题。在下面莱拉和她妈妈的对话中,你会看到这样一个例子。

妈妈:我们有很多不同的主意可以选择。所以,让我们想一想,如果你做这些事情,会发生什么。第一件事是"待在家里"。那么,如果你待在家里,会发生什么?(提出问题,考虑结果)

莱拉:我就不会出现在班上,老师就不能问我问题了。

妈妈:这倒是真的。还会发生什么?从长远来看,会发生什么么?(提出问题,考虑结果)

莱拉:没什么了。

妈妈：你认为，如果每次有代课老师时你都缺课，会不会有人注意到？（提出问题，考虑结果）

莱拉：会的——你会注意到，我的班主任也会。

妈妈：然后会发生什么？（提出问题，考虑结果）

莱拉：我会惹上麻烦的。

妈妈：嗯，也许吧。那下次遇到代课老师时，你会有什么感觉呢？你会不那么担心吗？（提出问题，考虑结果）

莱拉：不，我可能会有同样的感觉。

妈妈：好的。做得好。让我们把它记下来……现在，让我们看看下一个方案："来一场暴风雪"。如果你选择这个，会发生什么？（表扬，提出问题，考虑结果）

莱拉：整个学校都会被雪覆盖，所有的课都会被取消。

妈妈：是的。之后会发生什么呢？（提出问题，考虑结果）

莱拉：等所有的雪都融化后，我们就全部返校，但可能会错过第二天的课。

妈妈：那下次有代课老师时，你会怎么做？（提出问题，考虑结果）

莱拉：我可能还是会担心，所以我想必须再"来一场暴风雪"。

妈妈：哇，这一切听起来很神奇。让我们把它写下来……我给代课老师写一张便条怎么样？如果你这样做，会发生什么？（表扬，提出问题，考虑结果）

在第138—139页的表格中，莱拉回答了她母亲关于其他解决方案的所有问题。一旦孩子认真思考了各种可能的结果，他们就需要考虑哪种解决方案是切实可行的。下面给出了一些示例问题。

寻找最佳解决方案

问题示例：

"这个解决方案是可行的吗？"

"那么，你能尝试这个解决方案吗？"

"有什么会阻止这个解决方案实现吗？"

有了这些信息，孩子就可以评估每个解决方案有多好。通过给每个解决方案一个评分，可以很容易地比较不同的解决方案并选择最佳方案。孩子现在应该很熟悉使用评分量表了。请使用下面的量表来评估每个解决方案的好坏。发挥你的创造力，帮助孩子享受这个过程，例如，通过举起数字牌或大声喊出来给每个想法打分。

表 11-1 评分量表

0	1	2	3	4	5	6	7	8	9	10
不是很好					还好					非常好！

在所有的练习中，尽量克制你的判断，让孩子自己评估每个解决方案的好坏。毕竟，如果你认为这个方案很好，但孩子却有所保留，那么他们就不会有很大的动力去尝试。关键是孩子愿意尝试

一些东西——如果不起作用，也没关系，你可以考虑下一个主意。

做出决定并开始行动！

一旦对可能的解决方案进行了评估，并考虑到后果和实际情况，就应该比较容易看出哪一个是最佳的。如果孩子认为两个方案同样有效，那就试着帮助他们选择一个，或者建议孩子把两个都试一试。在孩子开始之前，检查他们是否拥有将计划付诸行动所需的一切。先进行一次练习或尝试角色扮演，问孩子是否需要其他人参与进来。

解决问题的方法也可用于这种情况，即孩子预期会发生具有挑战性的事情，即使它不太可能发生。如果是这种情况，要检验孩子的解决方案就会比较困难。例如，孩子可能会担心小偷闯入房子。在这种情况下，在令人恐惧的情境中尝试解决方案是不可能的。然而，你可以和孩子们一起表演，看看他们是否认为自己提出的解决方案有效。

进展如何？

在孩子做出尝试之后，你需要回顾他们进展得如何。孩子可能已经收集了更多的信息，这将有助于减少他们的焦虑，因此，反思他们所学到的东西是很重要的。

回顾发生了什么

发生了什么？

他们是如何应对的？

他们应对得比预期的好吗？

他们能改变这种情况吗？

孩子从这个解决方案中学到了什么？

如果行动不像孩子所希望的那样顺利，那就帮助他们思考下次是否可以做得不同，或者是否愿意尝试他们提出的另一个解决方案。但一定要记住，无论结果如何，孩子克服困难的尝试都值得表扬。

疑难解答

※ 1. 孩子想不出任何可能的解决方案

做出尝试性的暗示。问问孩子，他们的朋友会怎么做，或者他们会建议朋友怎么做。还可以问问孩子，在过去类似的情况下，他们都做了什么。

※ 2. 孩子选择了一个我认为行不通的主意

不管怎样，还是按照这个想法去做吧（除非你担心它会给孩子带来更大的问题或严重的困扰）。如果这个主意不奏效，你可

表 11-2 解决问题：莱拉的例子

问题是什么？	列举所有可能的解决方案	如果我选择这个方案会发生什么？	这个计划可行吗？是/否	这个计划有多好？0—10评分	发生了什么？
明天学校的代课老师不知道我认为数学很难，他会对我生气，因为他没有专心听我讲。	1. 待在家里。	1. 我不会被问任何问题。老师/妈妈会找我麻烦。我还是会担心代课老师的事情。	是	2	我很早就进教室告诉老师，我觉得数学很难。他还是问了一个问题，但我还能回答！
	2. 给学校"来一场暴风雪"。	2. 课程将会被取消。我还是会担心代课老师的事情。	否	5	

138

3. 请妈妈给老师写张便条。	3. 我会去上课。如果我不知道答案，老师会理解而不会生气。下次我们可以做同样的事情，我可能不会担心这这么多，但我需要妈妈帮我解决。如果我事先不知道有代课老师，那就有麻烦了。	是	7	
4. 在课前和老师谈话。	4. 我会去上课。和老师谈话我会觉得有点儿不好意思。如果我不知道答案，老师会理解而不会生气，那么下次我就可以做同样的事情，而且可能不会那么担心了。	是	8	

以让孩子下一次选择不同的做法。

※3. 孩子尝试了这个解决方案，结果却很糟糕

　　和孩子谈谈发生的事情，承认事情有时会出错。如果可以的话，告诉他们一次你感觉主意不错结果却出了差错的经历。但是，不要纠结于这个问题，继续前进，考虑孩子在解决问题的表格中提出的其他想法。选择下一个最好的主意，并鼓励孩子去尝试。

本章要点

※ 第一步不是给出答案，而是学会如何向孩子提问。

※ 鼓励孩子想出尽可能多的解决方案，先不必管这些方案是否真的有效。

※ 向孩子提问题，让他们思考每个解决方案的后果及其实用性。

※ 要求孩子评估每个解决方案，并选择最佳方案。

※ 确保孩子将解决方案付诸实践。

※ 鼓励孩子反思他们所学到的，并表扬他们所做的努力。

表 11-3 解决问题的方法

问题是什么?	列举所有可能的解决方案	如果我选择这个方案会发生什么?	这个计划可行吗?是/否	这个计划有多好?0—10评分	发生了什么?

第十二章

补充策略 1：克服过度担忧

每个人都会在某个时刻感觉到担忧。担忧可以在我们的脑海中盘旋，引起更多的焦虑，使我们感到没有解决方案，只有更多的问题。有时，担忧似乎占据了人们的大脑。担忧可能开始让孩子感到无法控制，即使他们短暂地转移注意力，思绪也会回到担忧上，而担忧的内容可能每天都在变化。最后，孩子一整天中的大部分时间都可能在担忧中度过。

本章中，我们描述的策略主要针对焦虑的三个特征：（1）容易失控；（2）不易解决；（3）经常与不确定性有关。

为了控制担忧，孩子需要做到以下几点：（1）限制担忧的时间；（2）收集关于担忧的新信息，并在适当的时候将"担忧"转化为"寻找解决方案"；（3）找到能够接受不确定性的方法。

对担忧进行限制

担忧时间

如果孩子似乎整天都在担忧，或者总是带着担忧来找你，那么最好留出一个"担忧时间"。这是一段固定的时间（限制在半小时左右），你和孩子可以讨论一天中出现的任何担忧。担忧的时间应该在你们都能思考的时候。所以，不是在孩子疲倦或饥饿的时候，也不是在你面临一大堆事情的时候。选择一个你和孩子可以坐在一起谈话而不受干扰的时间。虽然父母经常会在睡前和孩子进行一对一的交流，但这或许不是谈论担忧的好时机，因为这可能会导致孩子很难入睡。如果可以的话，那就尽量把担忧时间安排在晚上早些时候。

担忧清单

在某个安全的地方将担忧如数记录下来，这样你或孩子就可以在担忧时间之外将任何担忧添加进去。因此，如果在一天中出现了担忧，承认这个担忧并将其记录下来，除此之外也继续做你正在做的事情——这可能会让孩子感觉很严厉，但只要孩子看到"担忧清单"的存在，他们很快就会相信，这个担忧不会被遗忘或忽略。如果你能使这个记录变得与众不同，孩子可能更容易接受这一点——例如，使用一个特别的笔记本，你和孩子可以装饰它，贴上他们喜欢的人物的照片。或者，你们可以制作并装饰一个邮筒，让孩子把一天中的担忧投递进去。

下面，我们将讨论在担忧时间内，如何检验担忧并解决问题。

同样值得注意的是，对许多孩子来说，仅仅是这种将担忧保留到以后的做法就很有帮助。孩子们（和成人）可能会觉得"担忧"是在做一些事情，如果他们不担忧，事情就会变得更糟。把担忧保留到以后会让孩子知道，即使他们不担心，也没有发生灾难性的事件。相反，通过记录它们，这些担忧会显得重复甚至无聊（"又是那个！"），因此更容易被忽略。

停止安慰

在担忧时间之外，你可能很想给孩子一些安慰，让他们不必担心。当然，这是一种自然的反应，但要努力克制。回想你安慰孩子说"别担心"的时候，所有的担忧都结束了吗？在大多数情况下，答案都是"不"。事实上，有时候，当我们被告知不要想某件事时，我们反而会想得更多！

试试这个。想象一下，一只大棕熊正坐在你家客厅的地板上吃着一罐蜂蜜。现在——别去想它！当你被告知不要去想它的时候，那个画面是不是就直接进入你的脑海中了？对许多人来说，答案是肯定的。所以，试图不去想一些事情有时是无益的。此外，正如我们在第五章中所讨论的，你的目标不是给孩子安慰，而是让孩子感觉自己能够控制担忧，即使你不在他身边。

转移注意力，忘记烦恼

你已经记下了孩子的担忧，现在需要"继续做你正在做的事情"。那么，如何帮助孩子继续做其他的事情呢？本质上，现在需要做的是让孩子转移注意力，让他们在担忧时间之外暂时忘记烦恼。我们需要强调，这里的目的不是忽视或避免思考担忧，而是通过积累暂时忘记担忧的经验，帮助孩子感觉到自己可以控制担忧，然后再建设性地处理它们——例如，收集新信息（第十章）或解决问题（第十一章）。

你可以用不同的方法分散孩子的注意力。例如，尝试创造一个能让孩子全神贯注的游戏。如果你们在车里，可以打赌在到达目的地之前会看到多少辆红色汽车，让孩子数一数；或者看看周围的车，试着用车牌上的字母组成单词。如果你们在家里，给孩子找一件能让他们身心投入且乐此不疲的事情。

孩子通常喜欢游戏和体育活动，这些活动可以让他们的注意力集中在当下，从而远离烦恼。例如，许多孩子喜欢在蹦床上蹦蹦跳跳，或者在花园里捉迷藏、追逐打闹。留意那些以这种方式吸引孩子的活动，并鼓励他们在担忧的时候做这些活动。对孩子来说，要在生活中顺心如意，并不仅仅是在学业或社交上取得成功。他们也需要有良好的、有效的方式来休息和调整。担忧无法让人放松，而游戏则可能让人更加精神。

收集关于担忧的新信息

我们在第十章谈到了如何面对恐惧，收集关于焦虑预期的新信息。在孩子明显回避某些情境或事件的情况下，使用循序渐进的计划来面对恐惧似乎比他们花大量时间去担忧更容易解决问题。当孩子反复地担忧时，他们往往担心那些可能无法轻易避免的事情，例如，他们在考试中表现如何，或者他们的朋友是否会翻脸。因此，我们需要更仔细地思考如何收集关于这类担忧的新信息。

他们在担心什么？

正如在第八章中谈到的，你需要尝试弄清楚孩子认为会发生什么。使用第 72—73 页的问题来帮助你。例如，孩子可能会担心他们在学校考试不及格、与朋友闹翻，担心你会死，或者担心你度假时乘坐的飞机会坠毁。担忧的孩子往往会有一系列的焦虑预期。重要的是，你要很好地了解这些预期是什么。

通过实验来收集新信息

收集新信息的方法之一是直接让孩子做一个实验，看看他们的焦虑预期是否属实。确保孩子在行动之前对将要发生的事情做出预期，然后回顾之后发生的事情（见第 111 页）。有时，面对恐惧来收集关于担忧的新信息并不是直接明了的—— 一个常见的例子是，孩子担心父母或照顾者可能会死掉。正如我们在第八章中所讨论的，关键问题是考虑孩子需要学习什么。如果孩子担心父母会死掉，我们不可能告诉孩子这件事不会发生—— 因为父母确实总有一天会死，而且不知道是哪一天。我们必须承认，生活在不确定性中是困难的，但让孩子有机会了解这种情况有可能发生，以及最坏的情况出现时会怎样，也是有用的。

收集新信息的其他方法

为了更清楚地了解孩子需要学习什么，让孩子想一想，如果他们担心的事情真的发生了，最坏的结果是什么，这可能很有帮助。例如，如果他们担心考试失败，可以问他们："让我们想象一下，万一你确实没有通过考试，坏处到底是什么？"他们可能回答："老师会认为我很笨。""我将不得不换班。"或者是："如果我小学考试不及格，我的中学毕业考试也会完蛋。"你的工作是帮助孩子收集信息，看看最坏的情况是否有可能发生。这也许没办法确定，但你可以收集足够的信息来确定它的可能性有多大。所以在这里，这个实验可能包括和老师交谈，了解他如何看待考试不及格的学生以及他会做什么；或者对已经通过中学毕业考试的成年人进行调查，了解他们当中是否有人在小学考试中不及格；甚至故意某次考试不及格，看看会发生什么。再次强调，让孩子在这些实验之前做出预期，然后在事后检验他们的预期是否属实，这一点非常重要。

将担忧转化为寻找解决方案

有时担忧是现实的。例如，很多孩子时常会在考试中失败，那么如果孩子真的某次考试不及格，他们会怎么做呢？事实可能证明，这没什么大不了的。或者，如果他们在课堂上苦苦挣扎，可能是有问题需要处理，这就需要解决问题（见第十一章）。如果他们的担忧真的发生了，提前制订应对计划往往会给孩子带来很大的控制感，帮助他们减少担忧。

最后，鼓励孩子考虑他们的焦虑预期是否也是一个机会。例如，担心考试不及格可能会让老师知道，孩子在这门课上真的很艰难，因此老师会安排一些额外的帮助。

本的父亲就利用这个机会帮助本制订了一个计划来解决他的

担忧。除了对怪物的恐惧之外，本还被他的父母描述为"一个真正的担忧者"。他担心很多事情，包括战争、恐怖主义和"坏人"。本的父母计划去城里旅行，他对旅行有很多期待，但又忍不住担心乘坐公共汽车时会有炸弹爆炸。这是他"最担心的事"。这个担忧一直萦绕在他的心头。即使他在做一些完全不同的事情时，这个担忧也会突然出现在他的脑海中，他发现自己很难不去想它。本的父母不知道该如何应对这个担忧，因为像本所担心的那种可怕的事件确实有时会发生，本在新闻中也看到过相关报道。无论如何，他们都不能诚实地向本保证这种情况永远不会发生。当本提到他的担忧时，他的父亲把它记了下来，让本把它塞到他的"担忧箱"里。然后，他们在担忧时间进行了如下对话：

爸爸：本，我们记下了你很担心周六外出。是什么让你担心呢？（找出本需要学习什么）

本：我担心我们的公共汽车上会有炸弹爆炸。

爸爸：你为什么认为会发生这种情况？（提问题来了解本的担忧）

本：我在新闻上看到过。我知道这可能不会发生，但万一发生了呢？

爸爸：这真是个令人不安的想法。那么，你认为如果我们乘坐公共汽车，我们会被炸死吗？（承认本的恐惧，检查理解）

本：嗯，我知道我们可能不会，但我还是忍不住担心。

爸爸：那么，你认为我们有办法查明真相吗？（鼓励本去检验他的预期）

本：好吧，我们可以坐公交车去。但我真的不想冒险。

爸爸：我们能否在去之前收集一些信息，弄清楚这种情况发生的可能性有多大？这样会有什么帮助吗？（提问以帮助收集新信息）

本：我不知道。也许可以问问别人。

爸爸：是的，我们可以问谁呢？

本：比如朋友、家人，问他们在公共汽车或火车上是否见过炸弹爆炸。

爸爸：好主意，也许可以做个调查？（表扬本的想法，并给出进一步的提示）

本：但是，即使他们说这种事从未发生在他们身上，它仍有可能发生在我们身上。

爸爸：听起来你认为这种事不太可能发生，但还是担心它万一真的发生了。那么，如果真的发生了，你认为我们能做些什么呢？（总结本的担忧，鼓励本去解决他最担心的问题）

本：如果有像电视上那样飞落的玻璃，我们可以躲到座位后面，这样就不会被砸到了。

爸爸：这是个非常好的主意。还有其他的吗？（积极回应本的想法，鼓励更多的解决方案）

本：我们可以用你的手机拨打急救电话，这样救护车马上就会过来了。

爸爸：是的，这个主意也非常好。所以，虽然我们认为炸弹很可能不会爆炸，但听起来我们有一个以防万一的计划，对吗？（积极回应本的想法，总结并检查理解）

接受不确定性

通常，我们并不能完全确定我们所担忧的情况不会发生，特别是我们对自己和家人的健康、死亡、战争、灾难或地球安全的担忧。孩子可以通过做出预期和检验他们的恐惧，通过制订行动计划来解决最糟糕的情况，从而大幅减少他们的担忧。然而，也有必要接受这一点，那就是有时我们无法确定将会发生什么。在这些时候，孩子需要学会接受一个事实：有些事情是我们无法控制的。

担忧的孩子经常很难忍受不确定会发生什么。他们往往会有很多"如果……怎么办"之类的担心。（例如：如果我表演时忘了台词怎么办？如果飞机坠毁了怎么办？如果我考试不及格怎么办？如果我或妈妈生病了怎么办？）你可以使用一些策略来帮助孩子适应这种不确定的情况。

习惯不确定性的关键是直面它，而不是试图回避它。所以，与其让孩子总是知道会发生什么（例如，总是有明确的常规活动，让他们知道计划是什么），不如开始在他们的生活中引入一些不确定性。这可以通过一些实验来实现。

以下是一些可能帮助孩子体验不确定性的实验的例子：

• 安排别人去学校接孩子。

• 来一次突然的游玩约会。

• 改变周末的计划。

• "忘记"将饮料放入盒饭中。

管理对死亡的担忧

对死亡的担忧在孩子当中很常见，父母经常发现自己不知道该说什么或做什么。穆罕默德担心他的父母会死掉，然后他会孤身一人。他的父母使用了本章的一些策略来帮助他处理担忧，他们鼓励穆罕默德在担心父母会死掉的时候告诉他们。每次它都会被放在当天的担忧清单上，留待担忧时间来谈论。谈论这件事对穆罕默德的父母来说可能有点儿困难，因为他们无法帮助自己的孩子找到简单的答案。但重要的是，他们获得了一种平衡——既理解穆罕默德的担忧，同时也关注如何控制这种担忧。

因为这个话题可能会引发越来越多的问题，会被谈论好几个小时，所以，穆罕默德的父母必须把每天的担忧时间限制在半小时之内。毕竟，如果穆罕默德在担忧时间之后又出现问题，这个担忧就可以延续到第二天的担忧时间。除了限制担忧时间之外，他们还鼓励穆罕默德思考他们中的一个人很快死去的可能性有多大。他们鼓励穆罕默德思考他最害怕的事情，并去解决问题——如果这种情况真的发生了，他可以做些什么。最后，穆罕默德的父母支持他尝试接受这种不确定性，并找到应对的方法。下面的叙述展示了他的思考过程。

我的父母都很健康，所以他们很快死于疾病的概率很低（穆罕默德收集了关于焦虑预期的信息），但他们总有可能发生意外或其他事情（穆罕默德最担心的事情）。如果发生这种情况，我就和我姑姑一起生活。我会一直想念我的父母，但姑姑会照顾我，直到我长大成人，可以照顾自己（穆罕默德解决问题的方案）。想着父母将要去世并不能阻止它的发生，而且这让我感到很痛苦，并想一直待在家里。所以，既然他们还活着，我就应该充分利用这个机会，出去做一些事情，享受生活（穆罕默德寻找应对不确定性的方法）。

本章要点

※ 与孩子设定一个指定的担忧时间。

※ 尽量少做安慰，而是让孩子感觉自己能控制担忧。

※ 光是记录下担忧，就能让担忧显得重复甚至无聊。

※ 转移注意力，鼓励孩子参与其他活动。

※ 孩子需要学着认识到有些事情是我们无法控制的。

※ 帮助孩子适应不确定性。

第十三章

补充策略 2：管理焦虑的身体症状

在第一部分中，我们谈到了孩子可能出现的焦虑的身体症状，比如肚子疼、呼吸急促和肌肉紧张。我们通常不直接处理这些令人不快的身体症状，因为我们经常发现，当孩子改变他们的想法和行为时，这些不愉快的感觉就会消失。然而，有时候，孩子所经历的身体症状会造成极大的困扰，因此让他们了解以下情况可能会有帮助：（1）这些身体症状是无害的；（2）它们会自行减少；（3）如果需要，可以控制它们。

识别焦虑的身体症状

孩子们往往不知道他们所经历的身体症状实际上是由焦虑引起的。孩子们经常会抱怨肚子疼、头痛、感觉热等，并认为自己身体不舒服。

儿童焦虑症的常见身体症状

头痛

肚子疼

恶心（甚至想吐）

发抖

头晕

出汗

心跳加快

呼吸急促

麻刺感

喉咙干紧

肌肉紧张

父母常常不知道孩子的症状是出于焦虑还是身体健康问题。有时，父母可能会担心孩子是在"编造"这些症状，以避免面对让他们焦虑的事。根据我们的经验，孩子通常确实在经历这些症状，但这可能是焦虑的结果。因此，承认这些不愉快的感觉是很重要的，但也要帮助孩子把它们视为焦虑的症状（而不是身体疾病的信号）。帮助孩子注意到这些症状出现的规律——是否经常出现在上学前或特定的活动前？分享一些你经历过的焦虑的身体症状的例子可能也会对他们有帮助，例如，在面试或驾照考试前，你感觉忐忑不安。

如何应对孩子焦虑的身体感觉？

许多孩子一旦确信这些是焦虑的迹象，而不是严重的健康问题，就能够忽略这些身体症状。然而，有些孩子可能仍然会发现，这些症状成了他们注意力的中心。不幸的是，很容易出现一个恶性循环，即孩子在焦虑时会出现身体症状，而当他们注意到这个症状时，又会变得更加焦虑（参见第一部分第36—37页关于身体症状恶性循环的部分）。

为了避免陷入这个循环，尽量不要过多关注这些症状。如果孩子提到这些症状，请检查你是否理解，并承认这可能是相当不愉快的——"你感觉自己心跳很快，这可不太好受"——然后继续前进。谈谈其他事情，或者通过玩游戏、一起做活动或让他们帮你做家务来分散孩子的注意力。对大多数孩子来说，这足以将他们的注意力转移到其他事情上，并阻止恶性循环的开始。

把注意力从身体症状上移开

有些孩子已经形成了一种关注或担心自己身体症状的模式，因此，可能很难简单地分散他们的注意力。在这种情况下，花一些时间帮助他们学习将注意力从身体症状上移开，然后研究这将如何影响他们的焦虑感，可能会有帮助。和孩子一起坐下来，让他们专注于周围的事物，时间大约30秒。例如，你可以要求他们注意周围所有的颜色、声音，甚至是形状——只要你们双方同意。下面是一个例子，说明了萨拉的父亲如何帮助她将注意力从身体症状上移开。

爸爸：好吧，我想让你试着把注意力放在你周围的一些东西，而不是你身体现在的感觉上。我知道这可能很难，但会帮助你感觉更平静。让我们四处看看，尽可能多地发现不同的颜色。你可以把它们都大声说出来。

萨拉：蓝色、绿色、红色、橙色，这只猫是黑色的……

爸爸：很好，你还能看到什么颜色？我打赌你发现不了10种！

萨拉：那是一种奇怪的棕色，灰色，哎呀白色……紫色，你的上衣是，嗯，蓝绿色。

爸爸：干得漂亮。我也注意到书架上有一些浅蓝色的书，桌子上有一个红色的包裹。我们现在听听声音怎么样？看看你能听到多少种？

萨拉：好的，但我仍然感到焦虑……我的心脏仍然跳得很快。

爸爸：让我们努力听听周围的声音，不要太在意你的焦虑……好，你能听到什么？

萨拉：鸟叫声。嗯，我想这是洗衣机的声音。嗯，雨声。有东西在啾啾响，也许是冰箱的声音……我想我还听到有人在说话。

爸爸：做得很好，你感觉怎么样？

萨拉：好一点儿了，我的心跳没那么快了。

爸爸：好了，我们去遛狗好吗？也许我们在外面能发现更多的东西。

练习尽量保持简短，以便他们集中注意力。你自己也要这样做，这样你就知道孩子正在经历什么，而且你们可以交流经验！例如，告诉孩子，你希望他们把注意力完全集中在颜色上。

这可能说起来容易做起来难，但是练习会帮助他们（以及你）做得更好。孩子在发现颜色时或许会自言自语，至少一开始是这样。30秒后，问孩子他们做得怎么样。他们是否能够专注于这些颜色，还是需要更多地练习？

以上练习可能足以帮助孩子感觉更平静。然而，对于年龄较大的孩子，可以鼓励他们做一个实验，去检验关注焦虑症状和关注周围的事物有什么不同。让孩子尝试首先关注周围事物（记住要具体，如声音、颜色、气味等），大约30秒；然后专注于自己的身体和感觉，再过30秒；在最后30秒内，关注点再次切换到周围的事物。孩子们发现了什么？他们是在关注周围事物时更焦虑，还是关注自己的身体时更焦虑？

大多数孩子会说，当他们关注身体之外的周围环境时，会感到不那么焦虑。一旦孩子能够在平时很好地关注周围环境，就可以在感到焦虑时尝试使用这种策略。毫无疑问，当他们开始焦虑时，这将更难做到，但通过练习，大多数孩子都能很好地将注意力从身体感觉转移到周围事物上。反过来，他们的焦虑会倾向于减少，身体症状也可能会缓解。

放松训练

传统上，放松技术被用来管理焦虑的身体症状，其中包括深呼吸，但也有一些其他技术，如肌肉放松和想象放松。有些孩子和家庭喜欢使用这些类型的策略，然而，我们没有将其纳入本书，原因如下：

1. 没有明确的证据表明，焦虑的孩子的身体反应与其他孩子的反应不同。

2.对孩子来说，充分体验焦虑（包括任何身体症状）是很重要的，这能帮他们真正面对恐惧并克服它们。

3.我们发现，父母和孩子很少在家里练习放松技巧，而且经常觉得很难做到这一点。

本章要点

> ※ 帮孩子发现焦虑的身体症状，并了解这些症状是无害的。
>
> ※ 让孩子知道他们可以控制自己的身体症状，学会将注意力从身体感觉上转移开。

第十四章

补充策略 3：管理你自己的焦虑

正如我们在第四章中所讨论的，有一些因素会导致孩子变得焦虑。最初导致孩子焦虑的因素并不一定重要，重要的是任何可能使他们持续焦虑，或者妨碍你帮助他们克服焦虑的因素。

就像我们在第二部分开头所说的，那些有焦虑孩子的父母比孩子不焦虑的父母更有可能感到焦虑。如果你自己有焦虑倾向，应用本书中的原则可能会特别具有挑战性或令人畏惧。然而，即使父母焦虑，孩子也可以很好地使用本书中的策略。实际上，当孩子有所改善时，许多父母体验到的焦虑也会有所减少。这可能是因为孩子的进步使他们的生活变得更加轻松，或者是因为他们在帮助孩子的同时被鼓励处理自己的焦虑。

如果你能在支持孩子的同时，尝试处理自己的焦虑，可能对孩子也会有所帮助。这主要有三个原因：第一，孩子也许能从你的身上学习新的思维和行为方式；第二，你可能会发现更容易执行这个抗焦虑计划；第三，你将成为孩子的好榜样——如果孩子知道你也在做同样的事情，他们可能更愿意进入令人焦虑的环境，克服自己的焦虑。因此，如果你自己经历了很多焦虑，并努力克服这个问题，这不仅是在帮助自己，还可能是在帮助你的孩子。

有时，有焦虑经历的父母在帮助孩子治疗时会有一些好处。例如，你可能更容易理解孩子的处境，真正了解他们的感受；你可能会认识到解决焦虑有多么困难，因此更有同理心和敏感性；通过适当分享你自己的焦虑，可以很好地使孩子的恐惧正常化。

然而，一些父母也告诉我们，在支持孩子的时候，他们自己的焦虑会带来某些麻烦。例如：孩子可能意识到你很担心他们，因此不愿意跟你分享他们的担忧；你可能在无意中给孩子传递了关于周围世界的焦虑信号或信息；孩子可能会看到你以回避的方式应对挑战；你可能对孩子在遇到挑战时会如何反应有某些预期，而这些预期会受到你自己的恐惧或担忧的影响。此外，如果焦虑使你很难参与某些活动或情境，那么孩子可能更少有机会面对他们的恐惧。在本章中，我们将谈论如何发现这些潜在的挑战并克服它们。

对孩子的担忧

养育孩子就是不停地担忧，有一个焦虑的孩子就更令人担忧了。如果你自己已经是一个焦虑的人，再有一个焦虑的孩子——那么，这显然不是一件容易的事！担心孩子是正常的，但是和所有的担心一样，如果它们妨碍了你以想要的方式来养育孩子，那么这些担心就需要解决了。如果孩子知道你对他们放心不下，并因此害怕让你更加不安，他们可能就会隐藏自己的担忧。你需要向孩子表明，你能够处理他们的担忧。关于如何鼓励孩子谈论他们的担忧，参阅第八章。

要注意你自己的反应，包括你说的话和你的表现。然而，这并不意味着你应该掩盖自己所有的担忧，假装它们不存在。孩子们经常说，他们觉得自己是唯一一个有这种感觉的人，他们觉得自己是"不同的"或"奇怪的"，因为他们一直感到害怕。通常，他们没有意识到每个人都有恐惧，每个人都会时而感到害怕。与其向孩子隐藏你所有的恐惧，不如向他们表明：有恐惧是正常的，但是我们有办法应对，使它们不会控制你的生活。

你的恐惧在向孩子传递信息

孩子们不可避免地从周围人那里学习如何看待这个世界。如果父母以焦虑的方式看待世界，可能会鼓励孩子也这样做，特别是如果他们更敏感、更谨慎或更焦虑的话。另一方面，如果父母能够为孩子树立一个好榜样，告诉他们如何以不同的方式处理焦虑预期，就可以帮助他们学习新的看待世界的方式。所以，可以的话，与其试图掩盖你的恐惧，不如把它们当作一个树立榜样的机会。想一想某种适合与孩子分享的恐惧（例如，对猫的恐惧，而不是成人那种对金钱或人际关系的担忧），并向孩子展示你是如何使用本书中的策略来解决这个问题的。

有时，父母会觉得自己没有能力或没有准备好应对某种特定的恐惧。如果你觉得现在真的无法面对某种恐惧，那么可以试着让其他人来帮助孩子体验你所恐惧的事情，让孩子看到那是"你的恐惧"而不是真正的危险，他们也有机会看到自己能够应对。例如，拜托别人带你的孩子去看牙医、去游泳，或者去抚摸狗。

你谈论恐惧的方式也可能有助于解决这个问题。例如，莱拉非常清楚她的妈妈害怕猫。然而，妈妈从来没有阻止过莱拉抚摸猫，或者与别人的猫玩耍。莱拉的妈妈会对她说："只是我不喜欢猫而已，但是很多人都喜欢它们。"因为莱拉拥有自己和猫相处的积极经验，所以尽管她的妈妈很害怕，莱拉也并没有习得这种恐惧。妈妈让她知道了不同的人对猫有不同的感受，而且她有机会和猫一起玩耍，因此她不认为妈妈的恐惧表明"猫是可怕的和危险的"，相反，她认为这只是"妈妈古怪的担忧"。所以，如何与孩子讨论你的恐惧或担忧是非常重要的，它们需要被当作恐惧或担忧来谈论，而不是被当作事实。

焦虑的信号和信息

你对自己生活中发生的事和对孩子的担忧，有时会"泄露"出来，让别人看到。当你和孩子在一起时，你需要注意自己焦虑的细微表现。例如，尽管你保持了冷静的态度，是否还是会在狗靠近时感到忐忑不安？或者，尽管你在新邻居来访时表现得很热情，但当他们回家后你是否仍会松口气？这些都是我们可能在不知不觉中表现出焦虑迹象的例子。当你和孩子遇到压力时，请朋友、伴侣或亲戚仔细观察你，请他们帮忙发现你的焦虑情绪是否流露出来、是否妨碍了你帮助孩子。

父母是榜样

孩子不仅会注意到他们在面对恐惧时你有什么反应，还会注意你对那些使你感到焦虑的事情的反应。一方面，如果孩子看到父母以回避的方式处理恐惧，而不是直面恐惧，那么他们很可能学会做同样的事情（特别是孩子倾向于焦虑的话）。另一方面，如果父母向孩子展示他们能够面对恐惧并克服它们，那么这将鼓励孩子也这样做。当然，这并不容易。但是，让孩子看到你也在经历困难是很好的，因为他们无疑也会在某些时候为克服恐惧而挣扎。

你对孩子有什么预期？

焦虑的孩子会给他们的父母带来担忧，但如果父母自己本来也很容易焦虑，那么这种担忧就可能会被放大。我们发现，以焦虑的方式来思考问题的父母，往往会预期他们的孩子也以类似的方式看待世界。而正如我们上面所描述的，父母如何看待他们的孩子，当然会影响他们对孩子的行为。

在第九章中，我们谈到了萨拉的父母，他们非常担心萨拉看到蜘蛛后会变得不安，无法应对。关于萨拉将如何反应的负面预期自然会影响她父母的行为。萨拉注意到父母在发现蜘蛛时表情上的细微变化，并将其解释为更多的证据，表明蜘蛛确实是令人害怕的东西。这个恶性循环如图 14-1 所示。

诱因：萨拉的父母在房间里发现了一只蜘蛛

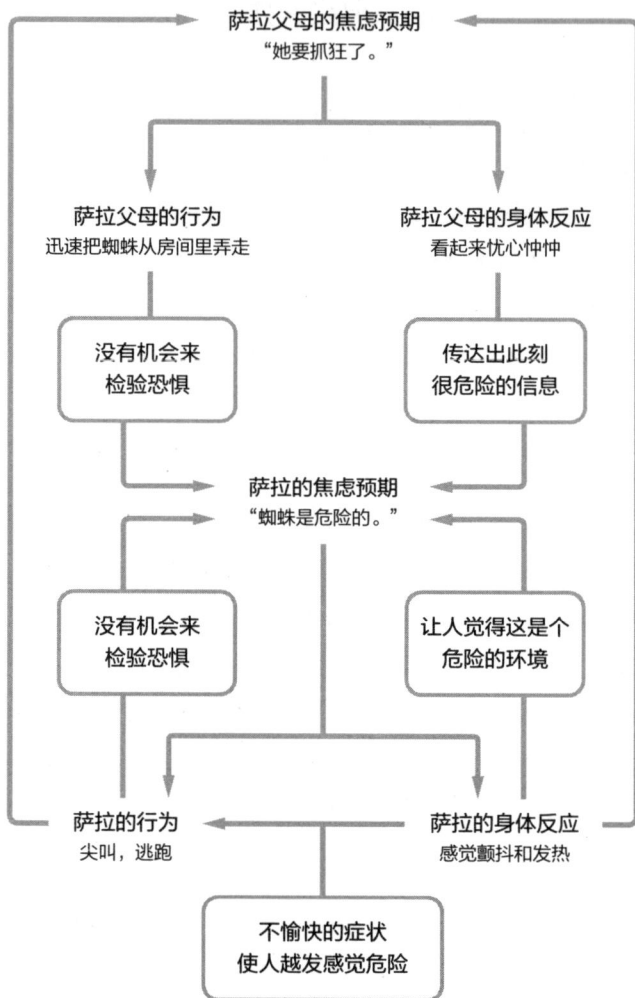

图 14-1 预期如何影响孩子的想法和感受

作为父母，我们的预期也会以其他方式影响我们对孩子的反应。正如我们之前所说的，父母的天职就是保护自己的孩子，所以，如果你认为孩子会变得非常不安，你当然会想尽办法来阻止这种情况发生。一方面，你可能想让他们尽快离开，并保证他们平安无事。另一方面，你也可能预期孩子会小题大做，然后感到恼火或气愤，并对孩子发火或生气。虽然这两种反应都是完全可以理解的，但它们会妨碍你帮助孩子克服恐惧、担忧和焦虑。

莱拉的妈妈和莱拉一样，经常因别人的看法而感到焦虑。因此，当莱拉在学校门口却不愿进去时，她感到非常艰难。在她看来，其他孩子都平安无事地进去了，只有她的孩子在小题大做，而且其他家长肯定都在看着，认为她是个没用的妈妈。现在，当她们走到学校门口时，莱拉的妈妈就开始感到害怕，担心莱拉会大吵大闹。她发现很难集中精力处理莱拉的恐惧，因为她被自己的焦虑压倒了。当莱拉和她说话时，她忍不住对她大声吼。她看得出来虽然这并不能帮助莱拉喜欢上学校。

莱拉的妈妈和萨拉的父母都发现自己对孩子的反应感到焦虑，并想到他们需要对孩子以及自己的恐惧了解些什么。他们的想法如下所示。

表 14-1　萨拉父母的想法

目标	我预期会发生什么？	我需要学习或发现什么？
当萨拉看到蜘蛛时，能够保持冷静和乐观。	我担心萨拉看到蜘蛛会很不安，将无法应对。	如果萨拉看到蜘蛛，实际上会发生什么？她能应对吗？我们能做些什么来帮助她吗？如果她处理得很好，我们能注意到吗？

表 14-2　萨拉妈妈的想法

目标	我预期会发生什么？	我需要学习或发现什么？
当我们到达学校门口时，能够保持冷静而不抓狂。能够专注于我们的行动计划。	莱拉会很不安，又喊又哭，而其他家长会觉得我是个糟糕的妈妈。	如果我坚持行动计划，当我们到达学校门口时，实际上会发生什么？莱拉能应对吗？如果她不能应对，其他家长会对我评头论足吗？（也许他们会同情我？）

创造合适的机会

我们需要为孩子创造机会，让他们能够面对自己的恐惧。这可能意味着要联系老师（正如我们在莱拉的循序渐进计划中看到的，第十一章）或其他能够提供帮助的人，或者收集材料（如死蜘蛛和活蜘蛛，正如我们在萨拉的循序渐进计划中所做的）。对一些父母来说，焦虑情绪可能使他们难以完成这些事情。例如，莱拉的妈妈在社交场合感到焦虑，尤其是当她觉得别人在评判她的时候。因此，接近莱拉的老师对她来说是一件相当困难的事情。同样，萨拉的父母也不是很喜欢蜘蛛，所以收集蜘蛛的工作也不是他们所乐见的。因此，另一件重要的事是意识到你自己的焦虑是否会妨碍你帮助孩子勇往直前。如果有所妨碍，那么也许你在帮助孩子时，需要完成的任务是解决你自己的焦虑。或者，如果现在面对这些焦虑确实是不可能的，那就找其他人来创造合适的机会，帮助你的孩子面对恐惧。

克服你自己的恐惧和担忧

正如我们在前面所讨论的，经历焦虑是一件正常的事情，这会发生在每个人身上。然而，当它开始妨碍你的生活——你的工作、你的友谊、你的家庭和你的育儿时，就会成为一个问题。你的焦虑可能会让你很难帮助孩子克服恐惧。如果你意识到焦虑正在妨碍你帮助孩子，并阻止你做你想做的事，那么就要想想，现在是不是该解决你自己的恐惧和担忧了。

你可以用下面这个表格写下你克服恐惧和担忧的目标（参见第七章）。这些目标可能会受到我们在本章前面做出的一些提示的影响。

表 14-3 克服恐惧和担忧的目标

	短期	中期	长期
目标 1			
目标 2			
目标 3			

本书中讨论的策略并非专门用于儿童或青少年，也适用于成年人。下面总结了我们关注的主要策略。

1. 你的目标是什么？

从短期、中期和长期来看，你想做些什么？

2. 你需要学习什么？

你如何看待你所遇到的人或事？你是否在预期最坏的情况？你是否在注意周围可能存在的危险？你需要学习什么来克

服焦虑并实现目标？

在第83—84页（第八章），你会发现一个你曾与孩子一起使用的表格。这一次尝试使用这个图表来实现你的目标。

3. 循序渐进地克服恐惧和担忧

你需要做什么来检验你的恐惧，学习关于自己或这个世界的新知识？逐渐地面对恐惧会有帮助吗？如果有帮助，请制订你自己的循序渐进计划。奖励你自己的进步，并鼓励别人也奖励你。

4. 解决问题

当你面对一个问题时，是否会感到手足无措？请尝试专注于寻找解决方案。你能做的事情有哪些（不管有多愚蠢）？如果你做了这些事情会发生什么？哪一个将是最好的解决方案？试一试，看看效果如何。

5. 克服担忧

你的担忧是否一发不可收拾？请给担忧设定限制。为你的担忧分配一段时间，并利用这段时间来寻找解决方案。在担忧时间之外，将你的注意力从担忧上转移开来。在担忧时间内，找出你最担心的事情，收集关于你的预期的新信息，使用解决问题的方法来应对挑战，并设法接受不确定性。

让孩子参与进来

让孩子看到你正在面对自己的恐惧，可以给他们一个非常有力的信息，所以不要隐藏你正在面对恐惧的事实。告诉孩子你正在做的事情。他们可能会帮助你，例如，帮助你制订一个循序渐进的计划，甚至可能会奖励你的成就。让你的孩子以这种方式参与进来有很多好处：（1）它向孩子展示了你用来克服恐惧的策略；（2）它让孩子享有控制权，成为"专家"；（3）有人给你动力，推动你前进；（4）它会让这一切变得更有趣！

如果这还不够

通过阅读本章，你可能已经了解自己的想法和行为，而且可能已经尝试了书中的策略。然而，你也可能觉得，你所面临的恐惧或担忧太强烈了，无法靠自己解决。在这种情况下，寻求专业支持是可行的。全科医生会建议你如何在当地获得这种支持。

本章要点

※ 既支持孩子，也尝试处理你自己的焦虑。

※ 和孩子在一起时，注意自己焦虑的细微表现。

※ 注意到你自己的焦虑可能会剥夺孩子获得面对恐惧的机会。

※ 努力克服你自己的焦虑时，尝试让孩子参与进来，你可能会收获惊喜。

※ 不畏惧，向孩子展示你是如何积极地处理恐惧、担忧的。

第十五章

坚持就是胜利

我们希望你现在已经对使用前几章中讨论的策略更有信心了，你要做的就是坚持到底！正如你从我们面对恐惧循序渐进的方法中所看到的，恐惧和担忧的问题不可能在一夜之间消失，这需要持之以恒。在我们的诊所里，我们通常会与父母一起努力两个月。在这段时间里，我们期望有明显的变化，但并不期望目标总是能全部实现。如果这些目标实现了，往往又有新的目标需要为之奋斗。克服恐惧很少是一蹴而就的。然而，在这段时间内，我们发现，父母与孩子通常有很好的机会将新技能付诸实践，他们经常感到信心十足，不再需要我们的帮助，并能继续为目标而努力。

从那时起，我们鼓励父母与孩子继续练习他们学到的技能，因为这是保持进步的最佳方式。事实上，当一个月或一年后再与这些家庭见面时，我们通常会发现，孩子在这段时间内取得了巨大的成就。

当进展缓慢时

有时你可能会觉得自己没有取得进展，所以在这些时候，重要的是翻阅你早期的笔记，回顾你所设定的目标实现了多少（第七章）。你可能会对已经取得的进步感到惊喜。然而，如果真的进展缓慢，你可能需要重新审视你的目标，以确保它们仍然适用并且 SMART。此外，我们描述的一些技巧很可能对孩子特别有效，而另一些技巧则似乎不太适用。记住哪些事情对孩子特别有帮助，对于你将来试图帮助他们面对某种恐惧是很有用的。

什么对孩子有帮助?

在下面的方框中，记下你发现的特别有助于孩子克服焦虑的事情，以便在将来作为参考。

我做过的有助于减少孩子焦虑的事情

你可能面临的问题

本页下方的表格描述了父母告诉我们的一些具体问题，他们在试图克服孩子的恐惧和忧虑时遇到了这些问题。我们劝告你不要被这些问题所吓倒，而是利用你和孩子在本书中一直练习的技能来克服它们。因此，我们没有告诉你该做什么，而是提供了一些策略建议，你可以用这些策略找到自己的解决方案（就像我们一直鼓励你在帮助孩子时做的那样）。这样，你就可以将你学到的技能付诸实践，同时也想出适合自己的解决方案。

表 15-1 在克服孩子的恐惧、担忧和焦虑时所面临的常见问题

问题	寻找解决方案的秘诀
实际问题	
我没有足够的时间做这些练习。	尝试使用解决问题的方法（第十一章）。
直接为孩子做一些事情比让他自己做要更快（更容易）。	当你考虑长期效果和短期效果时，结果是一样的吗？
我不知道何时该催促孩子。他是焦虑还是不感兴趣？	有没有一种不管什么原因你都可以使用的策略（比如奖励）？
其他家庭成员对该做什么有不同的想法。	尝试使用解决问题的方法。你能和家人分享这本书的其他章节吗？
当孩子调皮捣蛋时，我不知道是因为他心烦意乱还是他很难相处。	同样，有没有一种不论何时你都可以使用的策略（比如奖励）？也参见第十九章。

173

续表

孩子担忧的时候我却不在场。	尝试使用解决问题的方法。
奖励一个孩子的正常行为对其他孩子来说似乎不公平。	尝试使用解决问题的方法。其他孩子会获得任何的奖励吗？
我们知道孩子需要做什么来克服他的恐惧，但这些情境在日常生活中并不经常出现。	尝试使用解决问题的方法。也要考虑创造合适的机会。
个人问题	
我发现自己很难一直有动力去催促孩子。	参见第十四章。尝试使用解决问题的方法。
我不禁担心，如果我催促孩子，他将如何应对。	什么事让你担心？你如何把焦虑的想法付诸检验？
当其他家庭成员也有同样的问题却没有采取任何措施时，我很难催促孩子去做一些事情。	尝试使用解决问题的方法。

　　父母双方在管理孩子的焦虑情绪和行为时常常有不同的方法，莱拉的父母就属于这种情况。他们几年前就离婚了，为了女儿的利益，他们试图和睦相处，但发现这很难。他们的分歧之一就是莱拉的焦虑。莱拉的父亲认为，母亲太溺爱她了，应该让莱拉与焦虑共处。而她的母亲则认为父亲过于严格，没有给莱拉足够的理解。更糟糕的是，莱拉的母亲越是试图表示同情和支持，她的父亲就越是认为她被溺爱了，这使得他对莱拉更加严格。而莱拉的父亲越是严格，母亲就越想保护她。

作为主要照顾者，莱拉的母亲开始了这个计划，以克服莱拉的焦虑。但是当莱拉去看望她父亲时，这个计划就停滞了。莱拉的妈妈担心，她和前夫对于如何管理女儿的焦虑有不同的想法，这让他们不在同一条战线上。而且由于在莱拉克服焦虑时每次都有一周的空白期，因此他们的进展缓慢。于是，莱拉的妈妈使用了解决问题这一方法，见下一页的表格。

坚持到底

如果孩子已经取得了很大的进步，你很可能就会停止练习这些技能，坐享其成。但请保持警惕，坚持使用这些策略。孩子对这些策略越熟悉，就越容易将其视为处理问题的习惯方式，这能有效地帮助他们避免在未来变得极度焦虑。

当萨拉能够手握蜘蛛时，她和父母已经比他们想象的走得更远了。然而，这并没有阻止他们继续使用新技能。每当未来出现让萨拉担忧的情况，他们都会继续帮助她通过面对恐惧（而不是回避）来检验焦虑预期，或者通过解决问题的方法找到解决方案。他们注意到，随着时间的推移，萨拉似乎能够在没有他们支持的情况下学习关于焦虑预期的新知识。当真正的问题出现时，她并没有产生过多的担忧，而是专注于需要做什么来解决问题。随着她生活的进展，她成了一个足智多谋、坚忍不拔的年轻女孩。

表 15-2 莱拉妈妈解决问题的方法

问题是什么?	列出所有可能的解决方案	如果我选择这个解决方案会发生什么?（短期内? 从长远来看? 对未来的焦虑?)	这个计划可行吗? 是/否	这个计划有多好? 0—10评分	结果发生了什么?
莱拉的父亲和我处理莱拉焦虑的方式来不同，所以这个计划来没有始终如一地进行。	1. 我继续做我自己的。	没有什么会改变。我将一如往常。可能会取得一些进展，但比我们齐心协力要慢得多。	是	5	
	2. 跟莱拉的父亲谈谈我在做的事情，并让他也这么做。	他会认为我在批评他。我们会吵起来。不太可能发生大的变化。	是	2	
	3. 把我读到的内容分享给莱拉的父亲，给他看我到目前为止所做的事情的记录。	他可以把它拿回家看。可能不会感到被批评。如果他看到我迄今为止所做的事情的进展，他可能会认为值得一试。	是	8	

未来的目标

现在想一想，你觉得你和孩子需要在哪些方面继续努力。在下面记录下来，以便你将来可以进行回顾，看看你在实现目标的过程中都取得了哪些进展。

我和孩子要继续努力的事情

穆罕默德实现了一个人睡在卧室的目标，但一旦他实现了这个目标，他的父母就发现，由于他害怕分离，有些事情他仍然不会做。例如，穆罕默德曾被邀请参加一个过夜派对，但他坚持要父母在大家睡觉前接他回家。他的父母也渴望在外过夜，但一直没能为穆罕默德找一个保姆，因为穆罕默德觉得这个想法很可怕。穆罕默德的父母列出了以下要继续努力实现的目标。

177

我们与穆罕默德要继续努力的事情

1. 让穆罕默德与一位保姆待在家里。

2. 让穆罕默德在没有父母陪同的情况下，参加学校组织的一日游。

3. 让穆罕默德不在家过夜（在朋友或祖父母家）。

4. 让穆罕默德参加童子军露营。

奖励自己！

最后，我们希望你能在这里停下来，想想你和孩子所取得的成就。在整个计划中，你一直在奖励孩子的努力，我们希望你继续这样做。但在这个时候，你也应该承认，如果孩子取得了进步，那是因为你一直在帮助他们。虽然我们确信孩子的进步本身就是一种奖励，但也许现在是时候犒劳你自己了，因为你为此付出了所有的努力。吃一顿大餐，泡个热水澡，晚上出去玩，或者和朋友聚聚。无论你做什么，一定要庆祝这个时刻，给予自己应得的荣誉，因为你帮助孩子克服了他们的恐惧和担忧。

本的父母接受了这一点。他们真的很努力帮助本克服其对独自上楼的恐惧。他们发现最困难但也最有帮助的一件事就是找时间与本谈论他对怪物的恐惧，并认真对待他的担忧。令人惊讶的是，我们很难不这样说："别傻了，本。根本就没有怪物！"

然而，他们坚持不懈，帮助本认识到电影中的怪物对他来说并不是真正的危险。他们的努力得到了回报，不到一个月的时间，本就完成了他循序渐进的计划，并且能够在楼上愉快地玩耍，即使周围没有其他人。为了奖励他所有的努力，本得到了他的终极奖励——去主题公园游玩。本的父母也请了一个亲戚过来照看本，然后外出度过了一个愉快的夜晚。

本章要点

> ※ 进展缓慢时寻找方法，不断练习你学到的技能。
> ※ 不断朝着新的目标努力。
> ※ 奖励自己所做的工作和取得的进步。干得好！

第三部分

—

特殊需求

第十六章

对 5 岁或更小的孩子使用本书

本书介绍了一种克服焦虑的方法，我们已经检验并发现它对 5—12 岁的孩子很有用。然而，如果你的孩子大约 5 岁或更小，我们建议你在读完第二部分并打算真正开始实施这个计划之前阅读本章。这将为你提供一些建议，告诉你如何让年幼的孩子充分利用这个计划。

年幼的孩子有多大的焦虑感是正常的？

小孩子对各种事情感到焦虑是很常见的，这是成长和了解世界的一部分。例如，蹒跚学步的孩子经常被巨大的噪声吓到，而 4—5 岁的孩子经常害怕怪物或黑暗。这很正常，很可能孩子长大后就会摆脱这些恐惧。然而，本章中介绍的策略将有助于防止这些恐惧成为问题。这一章也将有助于战胜任何过去对孩子来说的典型恐惧，它们一直存在于你的孩子身上，而对于其他孩子，等他们长大后恐惧便自动消失了。当然，如果某种恐惧或担忧正在妨碍你的孩子（例如，阻止他们做自己喜欢做的事情），它也会有所帮助。

对于年幼的孩子，我需要做哪些不同的事情？

在第二部分中，我们描述了一系列可以用来帮助孩子克服焦虑的策略。现在我们将讨论哪些策略对年幼的孩子最有效，并讨论你可以如何调整这些策略以供年幼的孩子使用。需要强调的是，对于这些年龄较小的孩子，与他们谈论问题细节可能很困难（而且不一定有帮助），所以重点关注孩子如何通过实践来学习他们需要了解的东西。你的主要工作是弄清楚孩子需要尝试什么，你需要创造什么机会，以及你如何鼓励孩子去尝试，让他们有新的发现，从而能够克服焦虑。

想一想如何以一种对孩子来说很有趣的方式来做新的事情。例如，研究表明，害怕对不熟悉的人大声说话的孩子，可以通过使用有趣的应用程序（如吹熄屏幕上的"火焰"或对着变声器说话），逐渐增强他们在别人面前发出的声音，从而可以表现得很好。玩有趣的游戏似乎可以让孩子勇敢尝试他们担心的事情，更容易尝试新事物，并发现做这些事情并不像他们预期的那样糟糕。想一想如何让面对恐惧的感觉像做一场游戏，例如：是否可以像"大冒险"游戏那样，轮流进行一些（温和的）挑战？

孩子需要学习什么？

我们在第八章讨论了如何帮助孩子发现他们的焦虑预期。对于年龄较小的孩子，你需要用简单的语言问一些简单的问题，比如："你认为会发生什么？"年幼的孩子通常觉得描述发生在别人身上的事情更容易，因此，与你的孩子谈谈，或者编一个故事——某个朋友或名人进入了一个令人害怕的情境，然后看看孩子认为会发生什么。例如：他们是否认为有人会受伤，或者有人会迷路或被带走？你也可以使用玩具人物或木偶，将此作为角色扮演游戏的一部分。有时，年幼的孩子会发现，除了担心会变得烦躁不安之外，很难明确表达自己的焦虑预期。事实上，这可能就是他们害怕并希望避免的主要结果。正如我们在第 84 页所描述的那样，我们完全可以处理这种焦虑预期。最终，也许他们不会像预期的那样感到不安，或者孩子明白了，即使他们感到不安也没关系。

鼓励孩子独立和勇敢尝试

年幼的孩子显然会在生活的许多方面依赖你或其他人的支持——这是完全正常的。但是你能考虑到他们的年龄，让他们做一些更简单的日常工作吗？你是否有自动介入的时候？例如，当孩子进门时把他们的外套挂起来，或者告诉孩子选择穿什么衣服。你能鼓励他们为自己做这些事吗？如果有帮助的话，可以和其他父母谈谈他们的孩子做或不做的事情，以此知道如何好好支持孩子，并通过增加他们在日常生活中的独立性，使其对环境有更多的掌控感。

在第九章中，我们讨论了如何鼓励孩子勇敢尝试，勇敢尝试那些让他们感到焦虑的事情。你最好努力使这些事情变得有趣，还应该确保在他们勇敢的时候给予足够的关注和表扬，而在他们焦虑的时候尽量不要给予太多的关注。幼儿（尤其是焦虑的幼儿）对他们从父母那里得到的信息特别敏感，所以这个原则特别重要。我们知道，如果我们表扬或关注孩子的良好行为（如在晚餐时乖乖吃饭），孩子就更有可能再次这样做；如果我们忽视有问题的行为（如发脾气），这种行为就不太可能再次发生。

孩子在很小的时候就开始意识到他们的行为会产生后果。2岁不到的孩子就能够识别口头表扬，并会以一种可能吸引表扬的方式行事。从3岁起，即时奖励（如贴纸）就会在孩子身上起到强化积极行为的作用。从4岁左右开始，孩子就能通过大人承诺非即时的奖励来改变自己的行为（例如，积攒小星星来兑换大奖品）。因此，我们需要在孩子很小的时候就关注他们积极的、勇敢尝试的行为，并给予他们明确的表扬。

孩子现在了解到，当他们勇敢尝试时，就会有好事发生。同样重要的是，他们要了解，当他们不能勇敢尝试时，不会有坏事发生，但同时也不会有好事发生。当孩子拒绝勇敢尝试或变得焦虑或痛苦时，完全忽视他们是不对的，你可以做的是忽略他们恐惧和焦虑的行为。最简单的方法就是转移孩子的注意力，帮助他们摆脱恐惧，但不要让他们离开恐惧情境（或鼓励回避）。因此，例如，如果孩子在接近学校操场时变得紧张，那就可以转移一下话题——指出远处在发生什么（"哇，那只猫在做什么？"），谈论今天将要发生的好事，或者问他们放学后想做什么。通过使用这种策略，你没有关注孩子的恐惧，而是帮助他们应对恐惧。孩子也开始发现，虽然某件事一开始看起来很可怕，但这并不意味着他们无法处理，甚至最终会喜欢上它！

循序渐进地克服恐惧和担忧

就像对待大一点儿的孩子一样，循序渐进的计划是一种很有用的方法，可以帮助孩子逐渐积累他们可以大胆尝试的事情，以检验他们的焦虑预期。

我们之前曾鼓励你帮助孩子自己制订循序渐进的计划，但对于年龄较小的孩子，你必须扮演更积极的角色，与孩子一起或为他们制订计划。像以前一样，确定一个终极目标，并制订一系列循序渐进的步骤，以实现这个目标。请提供明确的奖励，你知道这会激励孩子尝试每个步骤。如果他们不愿意尝试，那么这个步骤就太难了，需要分解。下一页有一个为较小的孩子（乔，5岁）制订的循序渐进计划的例子。

成功奖励年幼孩子的秘诀

• 确保孩子明白，如果他们能勇敢尝试计划中的某个步骤，会得到什么奖励（"如果你和泰茜一起进客厅，我们就在回家的路上去公园"）。

• 明确他们获得奖励的原因（"做得好，因为你和收银台的阿姨打招呼了，我们现在就去做蛋糕"）。

• 孩子每做一个步骤时都要表扬他们，而不是只表扬一次。如果孩子仍然害怕尝试这个步骤，那就继续为他们提供奖励。

步骤	奖励
终极目标 当爷爷不抱着 狗时，抚摸它。	**终极奖励** 海滩一日游。
7. 当爷爷抱着狗时， 抚摸它的头。	7. 看一部电影。
6. 当爷爷抱着狗时， 触摸它的身体。	6. 请一个朋友来 喝茶。
5. 当爷爷把狗解开 并抱着它时，待 在客厅。	5. 在回家的路上 买个糖果。
4. 和爷爷（牵着 狗）一起绕街 区散步。	4. 在回家的路上 买本漫画书。
3. 当爷爷牵着狗进 来时，待在客厅。	3. 在回家的路上 去公园玩。
2. 当狗在厨房里时， 进入爷爷的客厅。	2. 玩爷爷买的 玩具车。
1. 当狗在花园里时， 进入爷爷的房子。	1. 从爷爷的罐子里 拿一个糖果。

预期
狗会叫，
会叫得很大声。
那会很可怕，
我也会很害怕。
狗可能会进屋来。

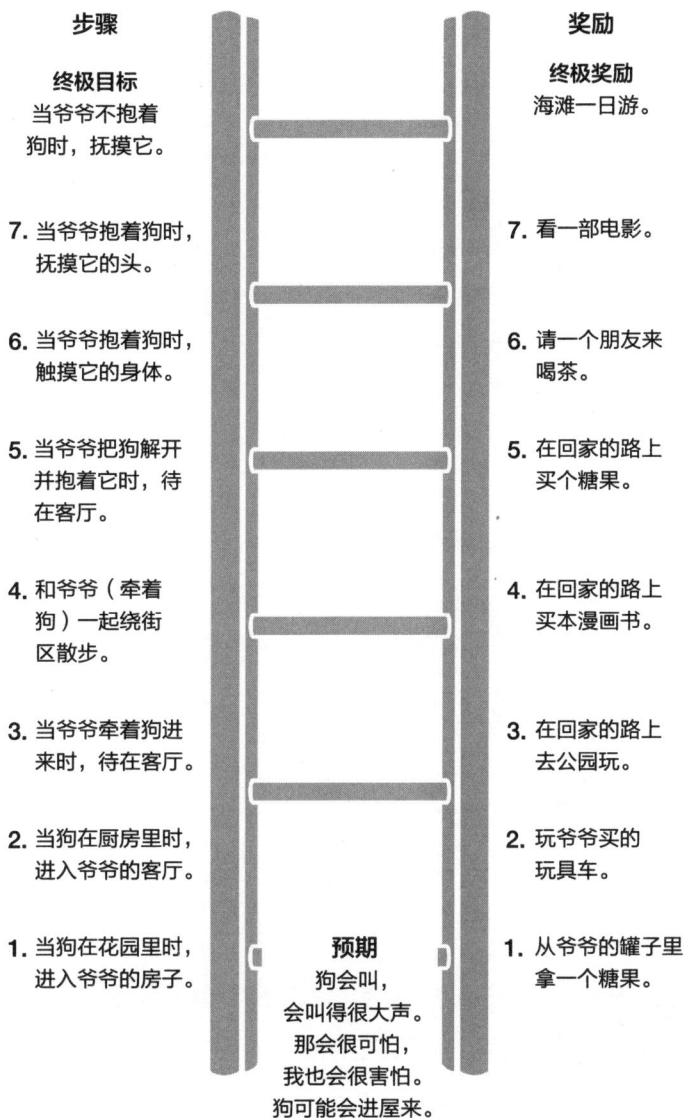

图 16-1 乔的循序渐进的计划

187

- 在孩子完成一个步骤后立即给他们奖励，或者在完成后尽快给他们奖励（如果有必要，提前买好奖品，以便及时给到孩子）。

- 对于年龄较小的孩子，与你一起做事情的奖励可能比物质奖励（也就是买东西）更有意义。

- 当孩子完成一个步骤时，请不要吝啬你的表扬（"你请朋友来做客真是太棒了，你真的很勇敢，爸爸为你感到骄傲"）。

日常生活

本章描述的策略将帮助孩子对各种预期进行检测，鼓励孩子勇敢尝试，不让恐惧成为障碍，以帮助他们认识到可用不同的方式来思考问题。这些策略可以被认为是良好的生活技能。

抓住机会鼓励孩子在日常生活中学习这些策略，并使它们成为你们生活方式的一部分。这些策略将有助于孩子在未来处理他们遇到的问题。

本章要点

※ 帮助低龄孩子描述克服焦虑时需要大人更积极地介入。

※ 你所采取的策略需要更"有趣"。

第十七章

对 12 岁或更大的孩子使用本书

本书介绍的方法尚未在 12 岁或更大的儿童身上验证过，但其中许多原则对于这个年龄段的焦虑的孩子也同样适用。

如何帮助大龄儿童或青少年克服焦虑？

青少年可能特别容易对别人对他们的看法敏感，也可能对父母和照顾者过度干涉他们的生活敏感——因为他们正在争取独立。因此，你将面临的最大挑战之一，就是让青少年感觉你对他们的观点真正感兴趣，并且会认真对待。如果你能成功地向青少年表明你理解他们的焦虑，那就能顺利地帮助他们解决问题。正如我们之前所说的，重要的不仅仅是你说了什么和做了什么，还有你是如何说或如何做的。为了让青少年与你合作，你需要表明你理解并接受他们的担忧。你不是在批评或评判他们，但你认识到了这种担忧正在妨碍他们，需要做些什么加以处理。

大龄儿童或青少年想要改变吗？

尽管你认为青少年的担忧是有问题的，但他们自己有可能不这么认为。对于青少年来说，如果要取得进步，就必须有改变的想法。告诉孩子必须做本书中的事情，会导致他们更不情愿。相反，倾听青少年，表明你理解他们的观点。询问他们的目标，以及恐惧或担忧是否会给实现目标带来困难。最后，选择是孩子的，但你可以帮助他们做出明智的选择。

下面是一个例子，是一个过度担心考试的青少年吉尔和她父亲之间的对话。

爸爸：吉尔，我买了本关于帮助年轻人克服恐惧的书，因为我认为它可以帮助你克服对考试的担忧。从阅读中我可以看出，这需要你和我一起努力才能起作用。你觉得怎么样？

吉尔：我不需要做任何事情。我现在这样就挺好。

爸爸：好吧，如果你现在这样挺好，那就没问题。我想它也没那么妨碍到你，是吗？

吉尔：是的，我只在有重要考试或临近考试时才会担忧。

爸爸：嗯，我想这并不经常发生。你觉得今年还会有更严重的问题吗？

吉尔：不一定。我想当考试临近或参加模拟考试时，我可能会更焦虑。

爸爸：嗯，你希望在考试前不那么焦虑吗？

吉尔：也许吧。

爸爸：这似乎是个很大的问题，但我想知道——你想象一下，再过几年，当你进入高中或大学之后，会是什么情况？

吉尔：我不知道。我希望到那时我可以接受它们。

爸爸：你认为你对考试的担忧会妨碍你参加这些考试，或者会让你感到非常痛苦吗？

吉尔：我不这么认为……我想也许吧，因为在大学里每年都有许多考试。

爸爸：听起来，你对考试的担忧现在对你来说还不是一个大问题，但如果能解决这个问题，你可能会感到更高兴，因为到了高中之后，事情可能会变得更难。我想我们有两个选择：要么保持原状，要么尝试克服恐惧。这真的取决于你。但你要知道，如果你决定尝试的话，我会竭尽所能，好吗？

需要对大龄儿童采取什么不同的做法？

如果孩子选择尝试克服他们的恐惧或担忧，你就已经成功了一半。我们在第二部分中讨论的策略经常被用于青少年。现在，我们要强调在对大龄儿童或青少年使用这些策略时需要注意的一些事项。

给青少年更多的控制权

帮助大龄儿童克服焦虑的主要区别在于，他们需要对自己使用的策略有更多的控制。虽然他们仍然需要你的支持和指导，但他们更有能力独立执行一些策略。事实上，他们很可能想独立完成任务，而不是让你告诉他们该做什么！记住这一点非常重要。如果你坚持要掌控局面，孩子很可能会失去兴趣，并拒绝参与。你也可以鼓励他们让一些朋友或其他熟悉的成年人参与进来。虽然父母想要帮忙，但有时青少年更喜欢别人的帮助，而不是父母的帮助。

一个好的起点可能是让青少年阅读这本书，或者其中看起来最相关的部分，以决定他们是否认为值得一试。这样一来，你就给了他们更多的控制权，而不是告诉他们该做什么。然后，也许你可以问他们想要设定什么目标，哪个目标最有意义，以及希望你如何帮助他们。通过这种方式，你让青少年发挥了主导作用。同样值得询问的是，他们认为还有谁能够帮助自己尝试本书中的一些任务，是否有朋友或其他成年人可以提供一些支持。

青少年需要学习什么？

在第八章中，我们谈到父母要如何弄清孩子的焦虑预期，并让孩子通过尝试新事物来检验它们。对于青少年来说，你可以采用同样的方法，但你需要注意孩子希望你参与多少，以及他们需要你参与多少。例如，他们是否需要你的帮助来创造合适的机会，或者你的参与可能会阻止他们真正学习新东西（也就是说，他们会把你的帮助当作一种安全行为吗？）。然而，你不会希望孩子觉得他们是在孤军奋战，所以至少每隔几天或者每周和他们一起回顾记录表，并祝贺他们在克服恐惧和担忧方面取得的成就。

鼓励独立

第九章的内容是关于鼓励孩子独立和勇敢尝试。青少年时期是一个人从依赖走向独立的关键时期。他们自然会被期望在许多方面独立自主，例如，自己去上学。孩子越是觉得他能掌控自己的世界，事情就会越轻松。

像往常一样，重要的是不要让孩子陷入困境，因为你想帮助他们感觉事情在掌控之中，而不是引起恐慌。清楚地告诉孩子你希望他们对什么负责，逐渐增加他们所能控制的事情（例如：打包午餐盒饭、收拾书包、早晨自己起床）。虽然青少年需要独立的机会，但他们仍然需要我们的支持来学习新技能，并帮助他们做出选择。对父母来说，这可能是一件棘手的事情，因为父母也需要适应自己作为"支持者"的新角色。

表扬和奖励

我们在第九章讨论的另一个关键问题是表扬和奖励。尽管奖励的概念可能听起来很幼稚，但它仍然可以成为大龄儿童和青少年的强大动力。它的成功取决于奖品的选择。当然，你必须在孩子开始面对恐惧之前选好奖品，这样他们就不会认为自己在追求一些不切实际的东西。但这必须是青少年做出的选择，因为只有他们知道什么会激励自己面对恐惧。与年幼的孩子相比，和你一起做事对一些青少年来说可能不那么具有激励作用，但是，可以想办法促使他们和朋友一起进行活动，这将是物质和经济回报之外的极好选择。

对青少年使用循序渐进的计划

第十章描述了如何制订一个循序渐进的计划，以帮助孩子逐渐检验他们的焦虑预期。循序渐进的计划对任何年龄的孩子都是有用的，对成年人也是如此，特别是当一个人对检验自己的恐惧缺乏勇气时。循序渐进地进行可以让孩子知道自己可以应对一点儿挑战，并且好事可能会随之而来。对青少年来说，你不一定要把它称为循序渐进的计划——可以把它称为一架梯子或一级台阶，或任何对他们来说有意义的东西——但原理是一样的。青少年需要停止回避让他们焦虑的情况，大胆尝试让他们能检验焦虑预期的情况。循序渐进的计划给出了一个清晰的行动方向，包含了许多通向终极目标的小目标，并且一直有奖励来激励孩子的努力。

解决问题的技巧

在第十一章中，我们谈到了如何帮助孩子解决问题。我们讨论到的策略可能对大龄儿童特别有用。青春期是孩子变得更加独立的时期，这个过程的一部分就是让他们开始自己处理棘手的情况。我们在第十一章中描述过"解决问题"的方法，可以在你的支持下帮助他们做到。

一开始，你需要教孩子如何通过这种方法来解决问题。然而，一旦他们掌握了这些技巧，就可以开始更独立地进行了。孩子应该能够想出一系列可能的解决方案，并对它们的好坏和可行性进行评估。他们可能想和你一起检查自己喜欢的解决方案是不是一个好的方案，重要的是，记得询问他们如何将所选择的解决方案付诸行动。

本章要点

※ 对大龄儿童或青少年的想法表现出真正的兴趣。保持一种非评判性的态度。

※ 遵循第二部分描述的步骤，但尽可能让孩子有更大的掌控权。

※ 请注意，大龄儿童或青少年需要的表扬和奖励与年幼的孩子是不一样的。

第十八章

睡眠问题

焦虑的孩子在晚上出现问题是很常见的。有时孩子很难自己安顿下来睡觉，他们可能在睡前过度担心，时而担心无法入睡。因此，孩子可能希望你在他们入睡时陪伴他们，不断从床上爬起来检查你在不在，或者和你一起睡在你的床上。孩子也可能在夜间经常醒来，并且很难再入睡，觉得有必要在夜里来找你。

这些情况会让父母精疲力竭。这可能意味着你很少有自己的时间（或和伴侣在一起的时间），也可能意味着你的睡眠时间很少（断断续续的）。所有父母都知道，有一个年幼的孩子是非常消耗精力的。疲惫不堪时，你很难做一个有耐心的人，有时还可能会对孩子的要求感到不满，因为你也需要自己的时间。

有时候，父母可能接受了事实，认为事情就是这样的。如果目前没有给任何人带来麻烦，那么这可能完全没问题。例如，你们都有足够的睡眠，它没有影响家庭内部的关系，也没有阻止孩子做其他同龄人在做的事情（例如，去朋友家过夜或请朋友来过夜）。然而，你需要仔细考虑目前的情况还能维持多久。当孩子 8 岁时，你还会为此感到高兴吗？10 岁呢？中学呢？开始工作之后呢？我们想说的是，如果孩子在夜间有睡眠困难，这种情况不应该被接受，因为可以做出永久性的改变。

是否有良好的睡眠环境？

首先，也是最重要的，你需要确定环境是否适合孩子入睡。请浏览下面的检查表。

表 18-1　睡眠检查表

列出所有可能的解决方案	如果我选择这个解决方案会发生什么？（短期内？从长远来看？对未来的焦虑？）
孩子在睡觉前是否情绪激动（比如玩电脑游戏、看电影）？	把这些刺激的活动限制在一天中的早些时候。确保孩子在睡前一小时不使用电子设备。
孩子睡前喝了很多水吗？	睡前一小时少喝水。确保孩子在睡觉前上厕所。
孩子吃（喝）了含咖啡因的食物吗？	睡前少吃（喝）含咖啡因的食物（如巧克力、可乐）。
孩子不知道何时睡觉吗？	确保孩子有规律的就寝时间。每天晚上按照同样的顺序做同样的事情，确保孩子在大致相同的时间上床睡觉。

续表

孩子的卧室太热了吗？	把暖气关小点儿。打开窗户。使用风扇。
孩子的卧室太冷了吗？	把暖气打开。添加一块毯子。
孩子的床不舒服吗？	换掉床垫或床，或者加一层床垫。换掉其他床上用品。
孩子的房间太亮了吗？	在窗帘上挂一块毯子，或者买一些遮光窗帘。如果孩子喜欢在晚上开灯，确保它是一盏低功率的夜灯。
孩子的房间太暗了吗？	使用一个夜灯。
孩子的房间太吵了吗？	解决办法取决于噪声的来源。你能让人们安静些吗？房间完全可以隔音吗（比如在窗户上挂一块厚重的毯子）？
是否有干扰因素（如各类电子屏幕）让孩子保持清醒？	限制它们的使用或拿走它们！
孩子够累了吗？	如果孩子有午睡的习惯，那就减少午睡时间。早点儿叫醒孩子。把户外活动纳入傍晚日程（但不要太接近睡觉时间，这样就有足够的时间放松下来）。有充分的证据表明，锻炼和健康与睡眠质量有关。

夜间恐惧

在建立了一个有助于（而不是阻碍）孩子睡眠的环境后，现在的重点就转向孩子本身。焦虑的孩子出现睡眠问题的主要原因有：

1. 害怕独自一人或与亲人分离。

2. 天马行空的担忧或对失眠的具体担忧。

为了确切地知道如何处理孩子夜间的恐惧和担忧，你需要回顾第二部分描述的步骤。

1. 确定你和孩子关于睡前焦虑的目标。

2. 弄清楚孩子在睡前的焦虑预期，以及他们需要学习什么来克服恐惧。

3. 鼓励、表扬和奖励孩子克服这种恐惧的勇敢尝试。

4. 制订一个循序渐进的计划或使用一次性的实验，以便孩子能够收集关于焦虑预期的新信息。

5. 使用解决问题的方法来处理与睡前有关的问题。

孩子需要学习什么？

使用第八章的问题来帮助你了解孩子在睡前的焦虑预期是什么（见第72—73页的方框）。有些孩子担心晚上会发生不好的事情，比如有人闯进他们家或房子失火。对许多孩子来说，他们觉得如果发生这种情况，只有自己一个人醒着特别可怕。出于这个原因，他们可能想和你一起睡觉，害怕独自一人或离你很远。有些孩子担心无法入睡或睡个好觉。他们可能会担心，如果他们没睡好，第二天在学校就会表现不好，在足球比赛或其他体育活动中失利，或是担心自己整夜睡不着。下一步是弄清孩子需要学习什么来克服他们的恐惧（见第八章，第82—84页）。对于害怕独自睡觉的孩子来说，他们可能需要了解独自睡觉实际上是可以应对的事，且不太可能有什么坏事发生。同样，对于担心失眠影响的孩子来说，了解到没睡好的情况下其实也可以在学校里应对得很好，或者了解到自己实际上总是能够很快入睡并获得足够的睡眠，可能是有帮助的。

循序渐进地帮助孩子独自睡觉

下一步是帮助孩子收集关于焦虑预期的新信息，以帮助他们克服恐惧。到了晚上，我们要让孩子有机会去了解，比如说，他们可以独处，可以应对自如。通过采取循序渐进的方法，孩子不会被直接放入一个非常令人焦虑的环境，而是逐渐尝试他们能做的事情。为了和孩子一起制订循序渐进的计划，请再次仔细阅读第十章。在下一页穆罕默德循序渐进的计划中，展示了一个典型的关于害怕独自睡觉的例子。

制订循序渐进的计划时要记住一点，孩子无法在某个特定的时间让自己睡着。像"在10分钟内入睡"这样的计划肯定会失败，而且只会给孩子更多的压力（使他或她更难入睡）。然而，孩子可以学习如何在自己的房间里感到舒适，如何安顿下来睡觉。有些孩子需要比其他人花更长的时间才能安顿下来，对他们来说，躺在床上无法入睡会变得非常无聊。当孩子平静下来准备睡觉时，你是否愿意让他们做一些温和的活动，比如阅读或听有声读物？

孩子也可能不愿意独自一人待在卧室里。出于这个原因，如果孩子不在自己的房间里睡觉，我们建议立即让他们回自己的房间，并重新适应那个环境。利用循序渐进的计划，你可以让自己

步骤

奖励

终极目标
一个人整晚睡在自己的
房间，持续一周。

终极奖励
请四个朋友来过夜。

6. 一个人睡在自己的
   房间里，父母每30
   分钟来看一次，直到
   我睡着，持续一周。

6. 去电影院
   看电影。

5. 一个人睡在自己的
   房间里，父母每20
   分钟来看一次，直到
   我睡着，持续一周。

5. 和家人出去
   玩一天。

4. 一个人睡在自己的
   房间里，父母每10
   分钟来看一次，直到
   我睡着，持续两晚。

4. 看一会儿电视，
   比平时晚一点儿睡。

3. 一个人睡在自己的
   房间，父母在楼上
   陪我，直到我睡着。

3. 爸爸和我玩
   棋盘游戏。

2. 整晚睡在自己的房
   间，表弟在我家过
   夜，跟我睡一起。

2. 吃我最喜欢的
   早餐。

预期
爸爸在的时候
没人会进来。
但如果爸爸
晚上要上厕所，
坏人就有可能
在他走后进来抓我。

1. 整晚睡在自己的房
   间，爸爸睡在同一
   房间的另一张床上。

1. 得到爸爸妈妈的
   表扬。

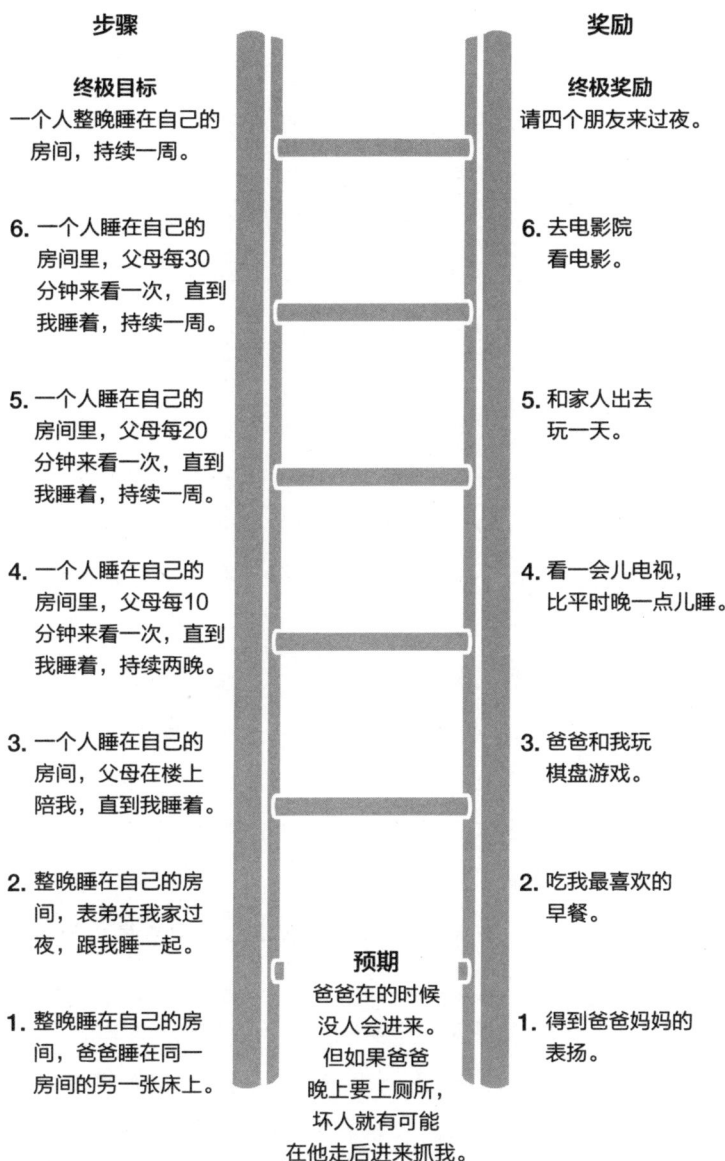

图 18-1 穆罕默德的循序渐进的计划

逐渐远离孩子，而不是反过来。因此，举个例子，与其让孩子逐渐离开你的房间，不如从你在孩子的房间里开始，然后逐渐地让你自己离开（第一天晚上，睡在孩子的房间里；第二天晚上，将你的床搬到离门更近的地方；第三天晚上，你睡在房间外面，但不会离很远；以此类推）。或者，如果你不想在计划开始时离孩子那么近，就可以鼓励孩子独自睡觉，但你要每隔几分钟去探视一下，直到他们睡着。随着孩子的进步，逐渐延长探视的间隔时间。

晚上可能是孩子特别脆弱的时候，但如果孩子对独处的恐惧并不仅限于晚上，你就需要在计划中设立另外的步骤，让他们习惯在白天独自待在房间里。重要的是要记住，每个步骤都是在带领他们前进。一旦孩子能够忍受正在做的步骤，那就继续前进。

除了循序渐进的计划之外，也可以用一次性的实验收集关于孩子睡前焦虑预期的新信息，例如：对盗贼的恐惧。这里有两个实验的例子：

• 当孩子听到令人不安的声音时，帮助他们检查一下房子，看看到底是什么声音。

• 做一个调查，看看孩子认识的人中有多少人真正被盗过，他们是如何应对的。

对于每一个步骤或每一个实验，一定要让孩子在做之前对他们认为会发生什么做出预期。然后在事后与他们一起回顾，看一看：实际发生了什么？他们学到了什么？结果和他们预期的一样还是有所不同？如果是不同的，那是怎样的？发生了什么？

睡前担忧

大多数晚上，我们都要花一点儿时间才能入睡。在这段时间内，白天的担忧可能突然进入我们的脑海，使我们更难入睡。如果孩子平时有无法控制的担忧，他们可能在睡前想得特别多，而这会影响他们的入睡能力。在这种情况下，可以采用第十二章中描述的策略。你会发现在一天的某个时间段设置一个担忧时间是尤其有用的。如果孩子在睡前提到了担忧，就把它们添加至担忧清单，并同意在下一个担忧时间进行讨论。在孩子提到这些担忧时，不要卷入讨论。帮助孩子想出放松的方法，让他们在睡前把注意力集中在其他事情上。看书、听音乐或听有声书等转移注意力的方法通常都很有效。你可能需要制订一个循序渐进的计划，让孩子在睡前逐渐更加独立地处理担忧。例如，有步骤地让孩子不大声叫唤，而是使用策略来转移注意力，并对他们独立处理担忧进行奖励。

有些孩子在白天并不过度担忧，但在睡前或对睡眠有特定的担忧。例如，有些孩子担心他们睡不着，整夜躺在床上，第二天在学校或体育比赛中就表现不佳。在这种情况下，想出一个循序渐进的计划可能很难，因为孩子并没有特别回避什么。然而，可以利用一些实验来收集新的信息，以挑战他们的焦虑预期。

下面是处理此类担忧的一次性实验的例子：

• 在参加足球比赛前睡得很晚，第二天问朋友和教练我表现如何。

• 比平时晚睡一个小时，看看我第二天在学校是否会因为太累而完成不了作业。

• 尽可能长时间保持清醒，看看是否真的有可能整晚不睡，还是我最终总是会睡着。

• 接受邀请，在非周末的晚上去看电影，看看会发生什么。

对于父母来说，有些任务可能会很有挑战性，因为孩子在晚上睡个好觉是很重要的事。在这里，我们要求你不要传递我们通常会给孩子的那些信息，比如"你需要睡觉，否则明天早上你会感觉很糟糕"。虽然这些话语是非常自然和正常的，但对一个因睡不着而焦虑的孩子来说，可能会陷入一个恶性循环，即睡不着会导致对睡眠的担忧，而担忧使他们更难入睡！

使用解决问题的方法来处理睡前担忧

解决问题的方法（见第十一章）可以成为处理睡前担忧的一个有用策略。孩子可能需要找到一些方法，让自己在睡前平静下来（不需要你的帮助）。你可以和他们一起解决问题，并考虑什么是最好的主意。要先尝试。正如我们在第十一章中所描述的，解决问题的另一个用途是为孩子的焦虑预期或最担心的情况制订一个计划，让他们对可能发生的事情有一种控制感。因此，如果孩子担心盗贼，那你可以帮助他们解决这个问题——尽管可能性不大，但如果真的有盗贼闯入，该怎么办。让孩子考虑你们可以做的所有可能的事情，并选择最好的方案来尝试。这样，孩子对这种情况就有了更强的控制感。

其他与睡眠有关的问题

噩梦

噩梦不仅很常见，还可能非常可怕。孩子可能会在夜里醒来，因为害怕再做噩梦而不敢接着睡。在可能的情况下，应该给孩子提供安慰，并让他们回到自己的床上。噩梦可能与孩子在白天听到或经历的可怕事件有关。重要的是，在白天给孩子一个机会，告诉你关于噩梦的情况，这样你就可以使用本书中介绍的一般原则，帮助他们克服可能是触发因素的恐惧或担忧。

夜惊

通常情况下，夜惊发生在入睡后的最初几小时内，此时孩子正处于深度睡眠状态。孩子似乎突然"醒来"（实际上是在睡觉），看起来很害怕。他们可能会尖叫、出汗、神志不清、心跳加速。这种情况可能会持续不同的时间（如5—20分钟）。这与噩梦无关，到了早上，孩子通常不记得发生了什么。夜惊可以发生在任何年龄段，但最常见于5—12岁的儿童。尽管夜惊会让父母感到害怕，但重要的是要记住它们并不危险。

※ 以下建议有助于减少夜惊发作

1. 确保孩子在睡前没有过度疲劳。如有必要，提前就寝。

2. 改变孩子的睡眠周期模式。试着在孩子入睡后尽快叫醒他们（例如，在一小时内），然后让他们继续睡觉，或者在他们经常夜惊的时间之前叫醒他们。

3.向全科医生咨询孩子是否服用了任何可能与夜惊有关的药物。

4.发现并与孩子一起解决他们在白天遇到的任何压力。

※ 夜惊发作时需要做什么？

1.保持冷静。不要试图与孩子讲道理，只需等待恐惧过去。

2.不要试图在夜惊发作时叫醒孩子，但在结束后叫醒孩子可能会降低夜惊再次发生的概率。

3.陪在孩子身边，尽己所能让他们感到舒适，直到夜惊过去。

4.如果孩子当时能接受，那就给他们一个温柔的拥抱。

梦游

和夜惊相似，梦游发生在孩子熟睡时，他们早上不会记得它。类似的建议也适用于梦游：不要试图叫醒孩子，只需静静地引导他们回到床上。如果你的孩子梦游，你需要考虑房子对于梦游是否安全。你可能需要在楼梯顶部安装一个护栏，以防孩子梦游时摔倒。此外，睡觉前一定要关好窗户，并收起任何有潜在危险的物品（或可能被撞倒的东西）。

尿床

6岁以下的儿童尿床并不罕见。事实上，有人认为8岁以下的孩子尿床也很常见，这不应该被认为是一个"问题"，尤其是在男孩当中。如果你的孩子低于这个年龄，你可能会发现采取一些实际措施是有帮助的。例如，在睡前限制饮水，确保孩子在睡前上厕所，也许还可以在你睡觉时叫醒他们再次上厕所。如果你注意到在孩子感到焦虑时，尿床的次数有所增加，那么你需要利用本书的第二部分来克服孩子在白天经历的担忧。

你还需要努力保证尿床本身不会成为焦虑的来源。为了做到这一点，重要的是不要因为孩子尿床而惩罚他们。这可能很难，但要保持冷静，尽量不要让孩子看到你的挫败感。相反，实事求是地看待这个问题，更换床铺，并让孩子尽快入睡，不要大惊小怪。另一方面，每当孩子度过了一个没有尿床的夜晚，确保给予他们足够的表扬。

如果这些步骤还不够，而且你的孩子经常尿床，全科医生可能会把孩子转到尿床诊所。

本章要点

※ 为孩子创造一个良好的睡眠环境。

※ 按照本书第二部分的步骤，处理与睡前有关的焦虑。

※ 花时间在白天讨论晚上的担忧。

※ 处理好噩梦、夜惊、梦游与尿床。

第十九章

克服乱发脾气的行为

对儿童和青少年来说，恐惧和担忧可能是难以承受的。一些孩子会变得哭哭啼啼，而另一些孩子会容易乱发脾气。这都反映了孩子在面对焦虑时难以控制自己的情绪。当孩子乱发脾气时，父母可能会陷入真正的困境。一方面，父母担心是什么让孩子如此烦躁不安。另一方面，孩子的行为似乎很淘气或有挑衅意味。为了管理这种行为，有必要了解其背后的原因，并帮助孩子克服这种行为（使用本书第二部分的内容）。孩子最容易在他们被要求面对恐惧时发脾气（见第十章的"疑难解答"，第120页）。但孩子也需要了解，发脾气并不是一种可接受的表达情绪的方式。本章将介绍一些在孩子乱发脾气时可以使用的策略。然而，一旦事情平静下来，你就必须利用机会回到第二部分，找出并克服任何可能引发乱发脾气行为的恐惧或担忧。

关注和表扬

我们之前说过，积极的行为可以通过给予它们大量的关注和表扬来建立。通常情况下，只需将注意力从消极行为上移开，转而关注其他行为，就可以对孩子的行为产生很大影响。改变我们的注意力需要付出努力，因为很多时候我们会不由自主地注意到"坏事情"，而"好事情"却没有被注意到，或被认为是理所当然的。想一想你希望孩子停止的行为。然后，想一想你希望孩子做什么来代替。让孩子知道后者是你希望看到的，注意它什么时候会发生，并确保它每次都得到表扬和关注，同时忽略你想要孩子停止的行为。

为了平衡消极行为或暂停术（见下文）需要花费时间，确保每天花一些时间与孩子单独相处，专注于他喜欢做的事情。这往往让人难以适应，但对你们双方来说，确保有一些积极的相处时间是很重要的。与孩子商定他们想做的事情（例如：一起玩游戏，遛狗，做手工，烹饪，给孩子读书，与他们玩电脑游戏……）。确保孩子得到你的充分关注，并抓住一切机会表扬他们。

当行为不能被忽视时

有时候，孩子可能会做出一些不可忽视的行为。这种情况下，由于他们的行为，有人可能会受到伤害。因此，必须让孩子知道这种解决问题的方式既不恰当，也没有用。以下策略只适用于那些完全不可接受且不可忽视的行为，应谨慎使用。如果这种行为具有破坏性，但实际上并没有伤害到任何人，那么就坚持忽略破坏性行为的策略，并关注和表扬积极的替代行为。所有这些策略都应该以一种尽可能冷静和克制的方式来执行。你在这里教给孩子的是自我控制，所以要抓住机会给孩子树立一个好的榜样。

暂停术

暂停术基于孩子会对他人注意做出反应的原则。冷静地把孩子从当前的环境中带出来，并将他们移至一个没人注意的环境中，这是一种很有用的学习。通过使用暂停术，孩子们可以学到：（1）某些行为不会得到他人的注意；（2）离开这个环境，会更容易冷静下来，能更有效地解决问题。

暂停术要求把孩子放到（或要求他们去）另一个房间，或者把他们放到房间里的另一个地方（对于年幼的孩子），并收回你对他们的注意。在使用暂停术之前，你需要清楚地告诉孩子你将在什么情况下使用它。暂停术不起作用的最常见原因是，它被过度使用了（孩子因为一点儿小事而被暂停），因此它变得毫无意义，甚至变成了一场游戏。

和孩子谈谈你会用暂停术做什么。以一种积极的方式使用暂停术也很重要，我们通常称之为"冷静时间"。这是一个机会，让孩子（独立地）学习在非常生气的时候冷静下来。孩子也需要知道冷静时间会持续多久。一般的经验法则是"一岁一分钟"（依次递增），最终孩子需要待在他们的"冷静场所"，直到真正平静下来。这个时候，找到他们，并表扬他们成功冷静了下来。

如果他们还不想离开冷静场所，或者不理会你，就离开他们，直到他们准备好出来。

最后，使用暂停术之后，不要记恨。确切地说，试着做相反的事情：表扬孩子，因为他们平静下来了。暂停术成功的关键在于一致性。记住，每次当孩子有攻击性或大发脾气时，都要使用暂停术。你很快就会发现，随着他们学会冷静，以及收回对其不良行为的关注，乱发脾气的频率会大大降低。

管理你自己的情绪

我们之前讨论过孩子会从观察他人中学到什么（第九章，第 100—101 页）。这同样适用于控制愤怒的情绪。如果你或你的伴侣发现自己很难控制强烈的情绪，孩子可能已经看到了这一点，而这会对他们发脾气时的行为产生影响。因此，当你生气的时候，向孩子表明你有办法让自己平静下来，这是非常重要的。就像你希望孩子能够摆脱这种处境并冷静下来一样，你自己也需要做到这一点。如果这对你来说很难，这就可能是你要努力练习的事情。

行为和后果

所有的孩子都需要了解他们的行为是有后果的。有时攻击性行为会产生自然后果。例如，如果孩子弄乱了自己的卧室，他们就不得不住在一个脏乱的房间里，或者把它清理干净。这对你来说可能比对孩子来说更困难，但一定要让他们体验自己行为的后果，而不是试图保护他们（或你）免受其害。

你也可以取消孩子的某些特权。为了对孩子产生影响，你需要取消有重要意义的特权，而且需要将其作为孩子不良行为的直接后果。你选择取消什么取决于孩子的年龄和兴趣——例如，减少使用电子设备的时间，晚上必须提前上床睡觉。同样，如果这些是孩子行为的自然后果，效果就会更好，而且惩罚性更小。例如，如果一个孩子某天晚上拒绝上床睡觉，因此比平时晚一个小时才安顿下来，那么你可以让他在第二天晚上提前半小时上床睡觉。同样，如果孩子在做作业时发脾气，因此没有及时完成作业，那么你可以督促他减少屏幕使用时间，以便第二天能完成作业。

然而，重要的是要记住，最好的策略始终是设法鼓励孩子以积极的方式行事（例如，每当孩子面对愤怒情绪时能够自我控制，就给予表扬或奖励）。暂停术和取消特权的做法应该少用。

保持一致

如果你的反应是一致的，孩子就会更容易了解什么样的行为是可接受的。如果孩子有两个监护人或照顾者，那么就和另一个成年人坐下来，列出那些给孩子带来问题的行为，以及你们将如何管理这些行为。如果你们两人的回应方式是一致的，那么孩子将最有效地学会如何面对焦虑。

本章要点

※ 始终关注孩子的积极行为，表扬和奖励这些行为。

※ 为孩子树立一个控制情绪的好榜样。

※ 对攻击性行为或乱发脾气使用暂停术。

※ 使用自然后果来处理其他有问题的行为。

※ 家长对孩子的行为做出一致的反应。

第二十章

上学困难

焦虑的孩子往往会对上学感到紧张，有时甚至会导致上学困难。

为什么孩子觉得上学困难？

如果孩子认为学校里发生的事情具有潜在威胁，那么他们试图避免这些情况是可以理解的。上学会面临各种各样的挑战，尤其是对那些焦虑的孩子来说。例如，孩子需要与他们的照顾者分开，在课堂上回答问题，参加考试，在小组中合作，与其他孩子一起玩耍，回应其他孩子对他们说的话。有些孩子对上学感到焦虑是因为他们被欺凌了，我们稍后会讨论如何解决这个问题。

如果孩子拒绝上学，你该怎么做？

如果孩子拒绝上学，或在上学前非常焦虑或紧张，你需要做的第一件事就是找出是什么让他们紧张。

就像处理其他恐惧和担忧时的做法一样，第一步是问孩子一些简单的问题，尝试充分了解他们的焦虑预期（第八章，第79—80页）。例如："上学有什么让你担心的？""如果真的去上学，你认为会发生什么？""如果你去上学，可能发生的最糟糕的事情是什么？"孩子可能不愿意告诉你他们担忧的原因。孩子经常担心父母会冲进学校解决问题，而这会让他们感觉自己成了关注的焦点，或者别人眼中的"告密者"。尝试和坚持用不同的方式来询问孩子的恐惧和担忧是必要的，可以给孩子一个保证——除非先和他们讨论过，否则你不会采取任何行动。

如果孩子无法描述他们对上学的具体担忧，你就需要与老师或其他熟悉他们的人谈谈。向孩子公开你正在做的事情是很重要的，但也要让他们知道，你是在尽可能谨慎地做这件事。这样就不会导致他们增加焦虑，例如，担心欺凌者更容易攻击他们。

一旦你确定了孩子担心在学校里发生什么，就需要与他们讨论制订行动计划。如果孩子确定了一个需要解决的问题，请使用第十一章概述的策略来制定解决方案，并对它们进行评估。对那些因生病或感到焦虑而缺课的孩子来说，一个非常普遍的担心是，同学会对他的缺课做出负面评价，可能会问很多问题或叫他"逃课者"。你可以和孩子一起使用解决问题的方法，弄清楚如何处理这种棘手的情况。正如我们之前所说的，如果孩子有一个计划，他们可能会感到对局面更有控制力，并且不那么焦虑。

下一页是12岁的克洛伊在制订循序渐进的计划之前，与妈妈一起列举的一些解决问题的方案。

表 20-1 克洛伊和妈妈列举的解决问题的方案

问题是什么?	我能做什么?	如果我这样做会发生什么?	评分(0—10)它有多好?	它有多容易做到?
那些男孩会问我到哪里去了,他们可能会说我是个"逃学者"。	叫他们少管闲事!	他们可能会觉得我很粗鲁,甚至更加烦我,也可能会听我的。	5	3
	诚实地告诉他们我为什么没去学校。	我怕他们会取笑我,不理解我。	4	3
	给他们一个简短的回答,并改变话题——说"我一直不太好,但现在我好多了"。	他们可能会接受这个说法,因为我已经给了他们一个答案,希望他们会觉得无聊,然后去做别的事情。	8	7
	就说我奶奶病了。	他们可能不相信我,或者问我为什么会缺那么多课。有可能他们会相信我,然后不再追问。	6	8

216

如果你发现孩子预期在学校会发生一些坏事，或者预期他们不能应对，但这些实际上不太可能发生，那么，试着弄清楚孩子需要学习什么来克服他们的焦虑（第八章，第82页）。与他们一起制订一个循序渐进的计划，收集关于焦虑预期的新信息，就像莱拉和她妈妈所做的那样（第十章，第109页）。记得让孩子预测每个步骤中会发生什么，在完成该步骤后再进行回顾：到底发生了什么？与他们的预期相符还是不同？他们从中学到了什么？

孩子可能对学校里的许多事情感到焦虑，不知道首先要做什么。这种情况我们建议制订一个循序渐进的计划，专注于先让孩子进入学校。如果孩子根本没有上学，就从他们觉得最容易的课程开始，然后逐渐增加待在学校的时间。例如：有些孩子会害怕特定的课程——原因是老师或班上的其他学生；而有些孩子可能更担心课余时间或午餐时间，因为这涉及要找人结伴玩耍。

下一页是克洛伊重返学校的循序渐进的计划。

如何激励孩子？

对父母来说，如果孩子感到上学困难，最大的挑战之一是如何激励他们勇敢尝试。对许多孩子来说，解决担忧或焦虑预期的直接办法就是不去上学，他们很少会热衷于我们前面所描述的循序渐进的计划。正如第九章第96—97页所述，使用奖励可以起到很好的效果。为每个步骤设定好奖励，每当孩子完成这个步骤，就给予他们奖励。仔细考虑什么样的奖励能够激励孩子，但也要考虑哪些奖励你可以多次提供。

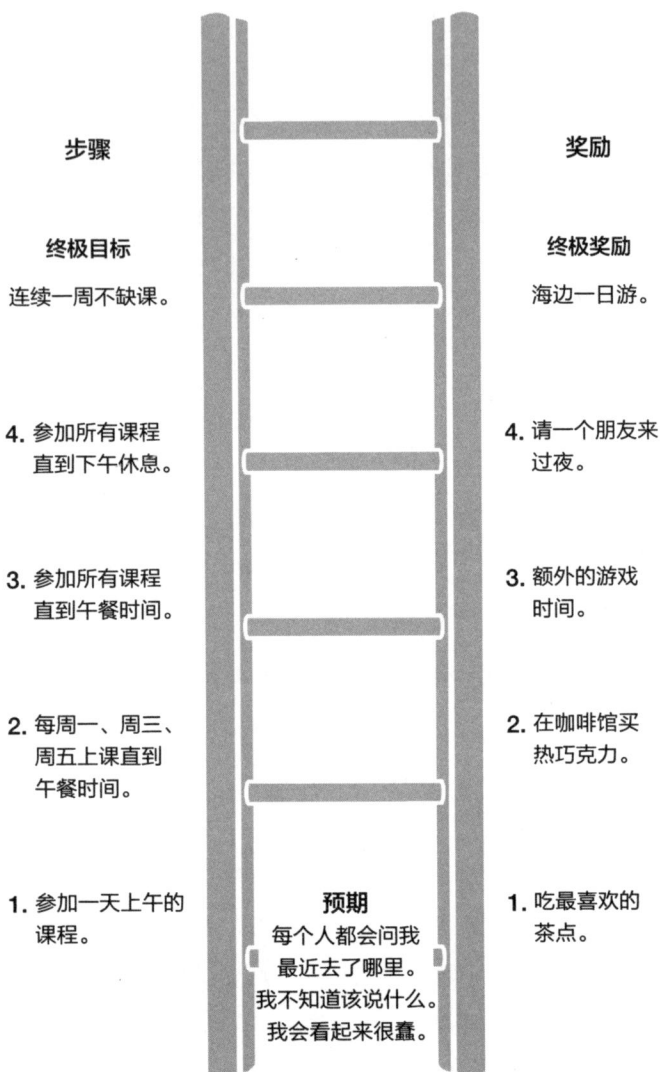

步骤

奖励

终极目标
连续一周不缺课。

终极奖励
海边一日游。

4. 参加所有课程
   直到下午休息。

4. 请一个朋友来
   过夜。

3. 参加所有课程
   直到午餐时间。

3. 额外的游戏
   时间。

2. 每周一、周三、
   周五上课直到
   午餐时间。

2. 在咖啡馆买
   热巧克力。

1. 参加一天上午的
   课程。

预期
每个人都会问我
最近去了哪里。
我不知道该说什么。
我会看起来很蠢。

1. 吃最喜欢的
   茶点。

图 20-1 克洛伊的循序渐进的计划

你还需要给孩子一个明确和积极的信息，即他们需要去学校，而且这会有积极面——例如，学知识、见朋友、做运动或听音乐等。有时候，传递这些信息会很困难。你可能担心孩子要如何应对学校的状况，也可能对学校如何处理孩子的焦虑、人际关系或学习感到没信心。重要的是，你要与学校一起解决这些问题并制订一个适当的计划，这样你就可以确信孩子的需求得到了满足。你可以给孩子一个明确的信息，即你理解他们的担忧，且正在采取行动支持他们逐步克服恐惧。

除了逃避上学的困难之外，有些孩子相当喜欢待在家里，他们可能会把时间花在看电视、玩电脑游戏或其他事情上。这将使学校变得更加没有吸引力，使他们更没有动力去克服对学校的恐惧。解决这种情况需要实施监督，最重要的是对上学期间在家里发生的事情设定一些限制。例如，限制孩子只从事教育活动，包括完成学校作业（你可以询问孩子的老师），看电视上的教育节目，参观图书馆或在电脑上做研究。其他玩电脑和游戏时间在上学期间应该严格限制，只有在"休息时间"可以做。

从孩子的学校获得支持

你可能担心学校对孩子缺课这件事态度不友好。在今天的环境中，有太多的媒体报道父母因孩子不上学而被起诉，以至父母感觉自己被栽赃嫁祸了，好像他们和学校是对立的。当然，学校确实担心那些不上学的孩子，有时会让专职人员负责监督和鼓励孩子出勤。然而，学校也认识到，孩子有时会因为对上学感到焦虑而缺课。我们发现，如果学校能看到你正努力让孩子重返学校，他们通常就会给予理解和帮助，而且会感谢你努力与他们合作。

学校和教育福利机构都非常熟悉孩子循序渐进地重返学校的原则。当然，必须从一开始就与学校协商，所以你需要与孩子的老师、班主任或校长，以及其他参与监督和支持孩子出勤的人会面，并与学校讨论是否有可能制订一个循序渐进的计划。如果孩子目前没有上学，这可能涉及让孩子逐渐增加待在学校的时间。

确定学校里是否有一个地方可以让孩子平静下来，让他们有安全感，以便他们可以从压力中解脱，而不必真正离开校园。学校警务室是一个很好的去处。如果孩子的学校没有这样的地方，询问老师还有哪里可以提供保护。可以是班主任的办公室或行政办公室。如果孩子感到焦虑，也可以找一个指定的人。

也有必要与孩子协商如何、在何时接近这个地方或这个人——例如，当他们在上课时感到不知所措，无法向老师或在全班同学面前表达自己的担忧时。学校有时可以给孩子一张卡片，让他们出示给老师，而不是必须大声说出来，这将有助于他们在高度焦虑时慢慢冷静下来。归根结底，我们不想鼓励孩子逃避，但这些策略可能是一个有用的起点。如果孩子在课堂上会不时离开，但不是根本不出现，那么一旦孩子在课堂上感到更舒适，你就可以鼓励他们不要使用卡片，并尝试一直待在课堂上，这一点是很重要的。

另一个好方法是利用同伴的力量，即在学校找到另一名学生，如果你的孩子需要帮助，就可以去找他，或者每天见面讨论今天过得怎样。

所有这些策略背后的信息是，我们应该逐步提高孩子的出勤率，并尽可能多地建立各种制度，以保证在开展循序渐进的计划时帮助他们舒适地待在学校里。如果你与孩子的学校紧密合作，将会成功地实现这一目标。

与孩子的学校合作

1. 一旦发现孩子经常缺课，就立即安排与老师或教导主任会面。

2. 解释你认为的孩子对上学感到焦虑的原因，同时征求老师的意见。

3. 把孩子告诉你的关于学校的问题都提出来，比如欺凌，这样学校也可以开始处理这些问题。

4. 与孩子和学校一起制订一个循序渐进的计划，帮助孩子重新回到学校。

5. 讨论是否有可能为孩子提供一个安全的地方、一位老师或一个同伴。

6. 定期与孩子的老师见面，回顾进展情况，并利用循序渐进的计划解决各种问题。

7. 对孩子的学校保持积极的态度，即使你认为学校到目前为止没有很好地处理这种情况。如果你在孩子耳边抱怨学校，他们就更有可能不去上学了。

8. 和孩子说清楚，尽管焦虑，但他们必须去上学。这会让孩子知道回避并不可取，并向学校表明你是真的想让孩子回到学校。

应该让孩子转学吗？

经常有父母带着不上学的孩子来我们诊所，询问转学是不是个好主意。孩子通常非常渴望转学，因为他们觉得这样可以解决所有问题。

孩子常常认为，他们在新学校不会感到焦虑，而且会交到很多新朋友。不幸的是，换学校并不总是一个神奇的答案，有时同样的问题仍会出现。正如我们所说的，高度焦虑的孩子经常发现上学很困难，因为他们必须与你或其他照顾者分开，在课堂上回答问题，参加考试，在小组中合作，与其他孩子一起玩耍，回应其他孩子对他们说的话。在新学校里，他们仍然需要做所有这些事情。

另一方面，如果孩子对学校的恐惧和担忧涉及以下方面：学习需求没有得到满足，特定的孩子欺负他们，感觉没有朋友或无法"融入"，或者不适应嘈杂、忙碌的学校环境，转学可能是一个好的选择。有些家长就是觉得某所学校不适合孩子的个性或需求。在这种情况下，转学或许会有帮助，但重要的是要仔细挑选替代学校，并与孩子现在的学校和替代学校坦诚沟通，以确保所有相关人员都能平稳地过渡。

转学对任何孩子来说都是令人不安的，因为他们必须适应新的老师、新的同学和新的学校环境，这些会在最初引起额外的焦虑。如果你正考虑将孩子转到一所新学校，请认真考虑这个问题，并与孩子的老师、朋友或其他家人谈谈，他们可能会给你一些建议。这同样适用于考虑在家上学的问题。与孩子身边的人，以及那些有家庭教育经验的人谈谈。这样做会让孩子克服他们的焦虑，还是使他们避免处理这个问题？这样做能满足他们的需要吗？例如，你能设法让孩子继续与同龄人交往，参与体育、音乐和其他课外活动吗？——这些都是学校生活的一部分，还是没办法创造这些机会？

遇到欺凌怎么办？

欺凌是需要解决的问题。它可能涉及辱骂、其他不友好的言论，或者身体攻击，如推搡、撞击或殴打。学校会有相关的反欺凌政策（通常可以在学校官网上找到），能让家长了解学校将如何处理校内的欺凌事件。如果孩子遭遇欺凌，你需要与学校沟通，以便能够根据政策进行处理。重要的是，孩子要感觉他们能够控制欺凌的结果。孩子应该参与关于如何处理欺凌的公开讨论，他们必须有机会表达对此的任何担忧，以便学校采取措施解决这些问题。

第一步是将学校视作一个可以照顾孩子并对其最大利益负责的场所。应该向孩子传达一个明确的信息，即欺凌是不可接受的，需要采取明确的行动。此外，孩子也将受益于制订一个明确的计划，告诉他们如何应对任何进一步的欺凌事件。使用第十一章中描述的解决问题的策略，帮助孩子找出应对欺凌的不同方案，并评估哪种方案对他们最有效。

本章要点

※ 给孩子一个明确和积极的信息，即他们需要去学校。

※ 对孩子的学校采取紧密合作的积极态度。

※ 转学须谨慎，并要做到让孩子平稳过渡。

※ 家长、学校与孩子一起制定解决欺凌问题的方案。

教师指南

我们为面对焦虑孩子的教师编写了这份指南，希望能为你提供一份有用的摘要——传达父母在家里使用的技巧，这样你就可以在学校使用相同的策略。如果你想更详细地了解我们所概述的策略，可以参考阅读本书的其他部分。

孩子有哪些常见的恐惧和担忧？

每个人，无论是儿童还是成人，都会在某些时候经历担忧、恐惧和焦虑。然而，对一些孩子来说，这些恐惧和担忧变得过度了。它们干扰了孩子的日常生活，包括上学和参加学校活动。恐惧和担忧通常涉及以下内容：对将要发生的坏事的预期，我们对此的生理反应（例如，紧张不安、呼吸急促、心跳加速），以及我们为了远离可怕的东西或不得不面对它们时试图保持安全所做的事情（例如，在可怕的社交场合避免目光接触）。

焦虑问题实际上是孩子最经常遇到的麻烦。孩子往往无法自行摆脱这些问题，而到了青春期或成年期，它们还可能成为其他问题的风险因素，如抑郁症。因此，帮助有焦虑问题的孩子克服他们的困难是至关重要的。

在学校里的恐惧和担忧

有焦虑问题的孩子经常对学校的各个方面感到焦虑。焦虑有许多不同的原因。有些孩子觉得社交场合很可怕，比如和同龄人混在一起，和老师说话，或者在课堂上发言。有些孩子则担心与父母或照顾者分离。对其他孩子来说，他们的担忧或焦虑预期更为宽泛，可能涉及一系列不同的事情，包括被人指责、学习或运动表现不佳、与朋友闹翻等。

对许多孩子来说，学校可能是一个可怕的地方。有时你会在学校里看到这种情绪的直接影响——例如，孩子可能会孤僻、哭泣或行为失控——但有时孩子会在上学期间设法保持冷静，然后在家里出现各种情绪。这有时会给老师带来棘手的局面，因为父母可能报告说孩子对学校非常焦虑，但老师看不到这方面的证据，所以他们会认为问题都出在家里。在这种情况下，如果学校和家长能够一起帮助孩子克服困难，将是非常有帮助的。

在学校里可以做什么？

在学校里可以做许多事情来帮助孩子克服焦虑，同时父母或照顾者也可以在家里实施这些策略。

克服学校里的焦虑

我们前面谈论过，当孩子感到焦虑时，往往会试图远离可怕的事物（回避），或者做一些让他们感到安全的事情（比如避免眼神接触）。问题是，如果焦虑的孩子回避那些让他们焦虑的事情，就没有机会收集有关情境的新信息，所以他们不知道自己的焦虑预期是否会成真，以及他们实际上是否能够应对。

这里有一个例子：

简认为，如果她在课堂上回答问题，她就会弄错，她的同学会认为她很愚蠢。因此，当她的老师问她问题时，她就低头看着桌子，不回答。这样做的时候，她不知道自己是否会回答正确，也不知道如果她答得不正确，同学是否会嘲笑她。

在帮助孩子克服焦虑的过程中，需要支持他们收集关于焦虑预期的新信息，这样他们才能发现：

1.事情的结果可能不会像他们担心的那样。

2.即使事情进展不顺利，他们也能应对或做些什么。

3.通过面对恐惧，可以学到新的东西，帮助他们克服恐惧。

逐步面对恐惧

当孩子感到焦虑时，周围的人通常会努力确保他们不会变得更加痛苦。例如：

每当简的老师问她问题时，她就脸红，避免目光接触，盯着桌子。这似乎吸引了更多人对简的关注，老师看得出这并没有什么帮助。渐渐地，她不再问简问题，希望她能开始自己举手。

虽然简的老师的反应是完全可以理解的，事实上她还很体谅简的焦虑，但这也让简丧失了面对恐惧并学习新经验的机会。教师处于非常有利的地位，可以为孩子提供机会，让他们逐渐面对自己的恐惧，从而克服这些恐惧。下面是简的另一位老师的做法。

课间休息时，简的老师和简坐在一起，告诉简，他能看得出她回答问题很困难。他问简是什么让她感到如此困难。简告诉他，她担心自己可能会答错。简的老师建议她可以试试，看看她是否真的会答错，如果答错了又会发生什么。每天课间休息时，老师都会问简一个问题，看看她能否答对。

这样做了一个星期后，简和她的老师发现，虽然她不是每次都能答对，但也不比班上其他同学做得差。老师向她表示祝贺。鉴于她在课间回答得很好，现在是时候在小组中回答问题了。老师决定每天有小组活动时都会问她一个相关问题。简担心只让她一个人回答问题，所以老师也同意向小组中的其他同学提问。渐渐地，简做到了从课间回答问题，到小组中回答问题，再到在全班同学面前回答问题，最后到自己在全班同学面前问老师问题。

解决现实生活中的问题或威胁

虽然孩子的焦虑预期大多数时候并非现实，但有时它们可能反映了孩子面临的实际问题。例如，一个孩子担心如果他要求和同伴一起玩，其他孩子会拒绝他，因为他们有时不友好，说不想和他一起玩。这就需要采取一种不同的方法。若这是在欺凌的情况下，显然需要使用学校的正式程序来处理。然而，你也可以帮助孩子尝试缓解这类问题，比如如果孩子说别人不想和他一起玩，讨论一下他可以做什么。

另一种情况是孩子担心在考试中表现不好，而他们在学业上确实很挣扎。你可以帮助孩子来解决这个现实问题，和他们一起思考你在学校可以做什么来帮助他们，以及他们在家里可以做些什么。

帮助孩子在学校克服焦虑的建议

为了帮助孩子收集关于焦虑预期的新信息，并逐渐面对他们的恐惧，以下建议可能会很有用：

1. 尽可能和孩子一起制定目标，这样你们就都清楚想要实现什么。

2. 想想孩子需要学习什么来挑战他们的焦虑预期。

3. 和孩子一起制订计划来检验恐惧并获取新知识。制订一个循序渐进的计划，逐步尝试新事物，以检验他们的焦虑预期。

4. 如果孩子在某个步骤上很挣扎，那可能是因为这个步骤太难了，在这种情况下，把它分解成若干更小的步骤。

5. 明确地告诉家长你正在使用的策略，这样你们就可以一起努力。如果在家里和学校都采取相同的方法，就会更快发生改变。定期与家长见面，回顾进展情况。

6. 设法激励和奖励孩子——面对恐惧是件苦差事！

7. 积极表扬孩子——勇敢尝试就是成就！

8. 准备好面对挫折，它们总会发生。第二天或下星期再试一次。

常见的担忧

※ 1. 如果我表扬一个焦虑的孩子，会不会让他引起更多人的注意？

这是一个如何表扬而非是否表扬的问题。与孩子协商，他们希望如何接受表扬，或如何得到奖励。这件事可以做得很巧妙，你可以单独表扬他们，也可以在父母面前表扬他们。同样，如果他们觉得不舒服，就不要在全班同学面前进行表扬。如果有必要，你可以避开其他学生表扬他们。

※ 2. 我不是儿童焦虑研究方面的专家，所以我真的应该做这些事情吗？这是不是更适合交给受过专门训练的工作人员来完成？

我们当然鼓励你和其他处理儿童情绪问题的专家一起努力。然而，你完全有能力帮助班里的孩子：你可能非常了解他们，你能够为他们创造机会去面对恐惧。只要你经常与孩子和他们的父母沟通，协商好一个行动计划并定期一起回顾，你就有可能帮助孩子克服他们的恐惧。

※ 3. 我会有时间来做这些事情吗？

这里所描述的策略，都是与我们合作过的老师和其他学校员工使用过的。为了启动计划，可能确实需要一些额外的时间和思考，但事情往往会迅速开始改变，我们希望这项工作能够避免问题在日后变得更加顽固。然而，你没有理由不寻求同事的帮助——也许是一个教学助理，或是一个经过专门培训的工作人员，或其他类似的人。

致　谢

感谢所有与我们合作过的家庭——他们教会了我们很多东西，并向我们表明，只要有动力和毅力，即使是严重的儿童焦虑问题也能被克服。

感谢所有这些年来在研究和临床实践方面对我们有所启发的人，特别是罗纳德·拉比（Ronald Rapee）、詹妮·哈德森（Jennie Hudson）、瓦妮莎·科巴姆（Vanessa Cobham）、菲利普·肯德尔（Philip Kendall）、杰夫·伍德（Jeff Wood）、林恩·默里（Lynne Murray）、彼得·库珀（Peter Cooper）、大卫·克拉克（David Clark）和米歇尔·克拉斯克（Michelle Craske）。他们的工作为我们提供了丰富的知识和技能，我们将其应用于治疗有焦虑问题的孩子，并将它们写进本书。

还要感谢波莉·韦特（Polly Waite）和彼得·库珀（Peter Cooper）在本书创作过程中提供的反馈和支持，以及其他许多朋友和同事在本书创作初期给予的大量反馈，他们是布林亚尔·哈尔多松（Brynjar Halldorsson）、哈里特·杨（Harriet Young）、薇姬·库里（Vicki Curry）和杰玛·迪德科克（Gemma Didcock）。

最后，我们要感谢自己的家人——安德鲁（Andrew）、乔斯（Jos）和查理（Charlie）（露西·威利茨的家人），科林（Colin）、乔（Joe）和本（Ben）（凯茜·克雷斯韦尔的家人），感谢他们的支持和理解！

主要参考文献

[1] Rapee, R. M., Abbott, M. J. and Lyneham, H. J. (2006). 'Bibliotherapy for children with anxiety disorders using written materials for parents: A randomized controlled trial'. Journal of Consulting and Clinical Psychology, 74(3), 436.

[2] Lyneham, H. J. and Rapee, R. M. (2006). 'Evaluation of therapist-supported parent-implemented CBT for anxiety disorders in rural children'. Behaviour Research and Therapy, 44(9), 1287-1300.

[3] Cobham, V. E. (2012). 'Do anxiety-disordered children need to come into the clinic for efficacious treatment?'. Journal of Consulting and Clinical Psychology, 80(3), 465.

[4] Creswell, C., Violato, M., Fairbanks, H., White, E., Parkinson, M., Abitabile, G., Leidi, A. and Cooper, P. (2017). 'A randomised controlled trial of Brief Guided Parentdelivered Cognitive Behaviour Therapy and Solution Focused Brief Therapy for the treatment of child anxiety disorders: Clinical outcome and cost-effectiveness'. The Lancet Psychiatry, 4(7), 529-539.

[5] Hill, C., Waite, P. and Creswell, C. (2016). 'Anxiety disorders

in children and adolescents'. Paediatrics and Child Health, 26(12), 548-553.

[6] Thirlwall, K., Cooper, P., Karalus, J., Voysey, M., Willetts, L. and Creswell, C. (2013). 'Treatment of childhood anxiety disorders via guided parent-delivered cognitive behavioural therapy: A randomised controlled trial'. British Journal of Psychiatry, 203(6), 436-444.

[7] Waters, A. M., Ford, L. A., Wharton, T. A. and Cobham, V. E. (2009). 'Cognitive-behavioural therapy for young children with anxiety disorders: Comparison of a child + parent condition versus a parent only condition'. Behaviour Research and Therapy, 47(8), 654-662.

安心长大：克服儿童焦虑的黄金方法

作者 _ [英]凯茜·克雷斯韦尔 [英]露西·威利茨 译者 _ 郑世彦

产品经理 _ 房静 装帧设计 _ 星野 内文设计 _ 吴偲靓 产品总监 _ 木木

技术编辑 _ 顾逸飞 责任印制 _ 梁拥军 策划人 _ 贺彦军

果麦
www.guomai.cn

以 微 小 的 力 量 推 动 文 明

著作权合同登记号：06-2023 年第 277 号

© 凯茜·克雷斯韦尔 露西·威利茨 2024

图书在版编目（CIP）数据

安心长大：克服儿童焦虑的黄金方法 /（英）凯茜·克雷斯韦尔，（英）露西·威利茨著；郑世彦译. —沈阳：万卷出版有限责任公司，2024.4
ISBN 978-7-5470-6448-1

Ⅰ.①安… Ⅱ.①凯… ②露…③郑… Ⅲ.①焦虑-儿童心理学 Ⅳ.①B844.1

中国国家版本馆CIP数据核字（2024）第011958号

Helping Your Child with Fears and Worries, 2nd edition
Copyright © Cathy Creswell and Lucy Willetts, 2019.
First published in the United Kingdom in the English language in 2019 by Robinson, an imprint of Little, Brown Book Group, an Hachette UK Company.
This edition arranged with Little, Brown Book Group through BIG APPLE AGENCY, INC., LABUAN, MALAYSIA.

出 品 人：王维良
出版发行：北方联合出版传媒（集团）股份有限公司
万卷出版有限责任公司
（地址：沈阳市和平区十一纬路 29 号 邮编：110003）
印 刷 者：河北鹏润印刷有限公司
经 销 者：全国新华书店
幅面尺寸：145mm×210mm
字 数：200 千字
印 张：7.5
出版时间：2024 年 4 月第 1 版
印刷时间：2024 年 4 月第 1 次印刷
责任编辑：姜佶睿
责任校对：张 莹
装帧设计：星 野
ISBN 978-7-5470-6448-1
定 价：49.80 元
联系电话：024-23284090
传 真：024-23284448

常年法律顾问：王 伟 版权所有 侵权必究 举报电话：024-23284090
如有印装质量问题，请与印刷厂联系。联系电话：021-64386496